中等职业教育机电类专业“十一五”规划教材

公差配合与测量技能基础

（任务驱动模式）

冯　旭　主编

机 械 工 业 出 版 社

本教材是为适应“工学结合、校企合作”培养模式的要求，根据中国机械工业教育协会和全国职业培训教学工作指导委员会机电专业委员会组织制定的中等职业教育教学计划大纲编写的。本教材的主要内容包括：公差与配合，几何公差，表面粗糙度，千分尺、内径指示表和杠杆指示表，量块和量规，正弦规和水平仪。

本教材可供中等职业技术学校、技工学校、职业高中使用。

图书在版编目（CIP）数据

公差配合与测量技能基础（任务驱动模式）/冯旭主编. —北京：机械工业出版社，2010.5（2021.7 重印）

中等职业教育机电类专业“十一五”规划教材

ISBN 978-7-111-30651-1

Ⅰ. ①公… Ⅱ. ①冯… Ⅲ. ①公差—配合—专业学校—教材 ②技术测量—专业学校—教材 Ⅳ. ①TG801

中国版本图书馆 CIP 数据核字（2010）第 085628 号

机械工业出版社（北京市百万庄大街 22 号 邮政编码 100037）

策划编辑：荆宏智 责任编辑：赵磊磊

版式设计：张世琴 责任校对：申春香

封面设计：马精明 责任印制：常天培

北京机工印刷厂印刷

2021 年 7 月第 1 版第 6 次印刷

184mm×260mm · 6.5 印张 · 154 千字

标准书号：ISBN 978-7-111-30651-1

定价：25.00 元

电话服务	网络服务
客服电话：010-88361066	机 工 官 网：www.cmpbook.com
010-88379833	机 工 官 博：weibo.com/cmp1952
010-68326294	金 书 网：www.golden-book.com
封底无防伪标均为盗版	机工教育服务网：www.cmpedu.com

中等职业教育机电类专业“十一五”规划教材
编审委员会

主　任　郝广发　季连海

副主任　刘亚琴　周学奎　何阳春　林爱平　李长江　李晓庆
徐　彤　刘大力　张跃英　董桂桥

委　员　（按姓氏笔画排序）
于　平　王兆山　王　军　王泸均　王德意　方院生
付志达　许炳鑫　杜德胜　李　涛　杨柳青（常务）
杨耀双　何秉戌　谷希成　张正明　张　莉　周庆礼
孟广斌　赵杰士　郝晶卉　荆宏智（常务）　姜方辉
贾恒旦　奚　蒙　徐卫东　章振周　梁文侠　喻勋良
曾燕燕　蒙俊健　戴成增

策划组　荆宏智　徐　彤　何月秋　王英杰

《公差配合与测量技能基础》编审人员

主　编　冯　旭
参　编　洪兴丽　姜　莉
主　审　梁东晓

序

为贯彻《国务院关于大力发展职业教育的决定》精神，落实文件中提出的中等职业学校实行“工学结合、校企合作”的新教学模式，满足中等职业学校、技工学校和职业高中技能型人才培养的要求，更好地适应企业的需要，为振兴装备制造业提供服务，中国机械工业教育协会和全国职业培训教学工作指导委员会机电专业委员会共同聘请有关行业专家制定了中等职业学校6个专业10个工种新的教学计划大纲，并据此组织编写了这6个专业的“十一五”规划教材。

这套新模式的教材共近70个品种。为体现行业领先的策略，编出特色，扩大本套教材的影响，方便教师和学生使用，并逐步形成品牌效应，我们在进行了充分调研后，才会同行业专家制定了这6个专业的教学计划，提出了教材的编写思路和要求。共有22个省（市、自治区）的近40所学校的专家参加了教学计划大纲的制定和教材的编写工作。

本套教材的编写贯彻了“以学生为根本，以就业为导向，以标准为尺度，以技能为核心”的理念，“实用、够用、好用”的原则。本套教材具有以下特色：

1. 教学计划大纲、教材、电子教案（或课件）齐全，大部分教材还有配套的习题集和习题解答。

2. 从公共基础课、专业基础课，到专业课、技能课全面规划，配套进行编写。

3. 按“工学结合、校企合作”的新教学模式重新制定了教学计划大纲，在专业技能课教材的编写时也进行了充分考虑，还编写了第三学年使用的《企业生产实习指导》。

4. 为满足不同地区、不同模式的教学需求，本套教材的部分科目采用了“任务驱动”形式和传统编写方式分别进行编写，以方便大家选择使用；考虑到不同学校对软件的不同要求，对于“模具CAD/CAM”课程，我们选用三种常用软件各编写了一本教材，以供大家选择使用。

5. 贯彻了“实用、够用、好用”的原则，突出“实用”，满足“够用”，一切为了“好用”。教材每单元中均有学习目标，本章小结、复习思考题或技能练习题，对内容不做过高的难度要求，关键是使学生学到干活的真本领。

本套教材的编写工作得到了许多学校领导的重视和大力支持以及各位老师的热烈响应，许多学校对教学计划大纲提出了很多建设性的意见和建议，并主动推荐教学骨干承担教材的编写任务，为编好教材提供了良好的技术保证，在此对各个学校的支持表示感谢。

由于时间仓促，编者水平有限，书中难免存在某些缺点或不足，敬请读者批评指正。

中国机械工业教育协会
全国职业培训教学工作指导委员会
机电专业委员会

前　言

本教材是在总结多年中等职业教育教学和教改实践经验的基础上，根据中等职业教育教学改革的总体要求，综合国内同类教材的编写优点，结合我国中等职业教育教学的教学特色和我国中等职业教育学生的共性特点，遵循实用、够用的原则而编写的。

“公差配合与测量技能基础”是中等职业教育机械类专业的技术基础课，是中等职业教育机械类专业的必修课程。本教材的主要内容包括：公差与配合，几何公差，表面粗糙度，千分尺、内径指示表和杠杆指示表，量块和量规，正弦规和水平仪。通过学习，能够为随后的工艺课和生产实习打下必要的专业理论基础和测量技能基础。

本教材采用模块化设置，围绕培养目标和课程内容，构建知识、技能紧密关联的教学单元模块，注意把学习专业理论与测量实践相结合。模块中的每个实践课题都有明确的训练目标，并针对各自的目标整合相应的理论和技能内容，以实现理论教学与技能教学一体化。在每个课题后还设置了相应的思考题，以检验学生对相关知识与技能的掌握情况。本教材图文并茂，将各个知识点和技能要点以图片的形式展示出来，从而提高了教材的可读性和亲和力。

本教材由冯旭主编，洪兴丽、姜莉参加编写，梁东晓主审。

希望广大读者对本教材提出宝贵意见和建议，以便我们进一步改进和完善。

编　者

目　　录

绪　论

一、本课程的性质和任务

本课程是中等职业技术学校机械类专业“理实一体化”的技术基础课。本课程包括公差配合与测量技能基础两大部分，通过学习可为工艺课和生产实习教学打下必要的专业理论基础和测量技能基础。

通过本课程的学习，应了解国家标准中有关极限与配合等方面的基本术语及定义；熟悉极限与配合标准的基本规定；掌握极限与配合方面的基本计算方法及代号的标注和识读；了解几何公差的基本内容；理解几何公差代号的含义；掌握几何公差代号的识读方法；了解表面粗糙度的评定标准及掌握表面粗糙度符号、代号的注法；掌握表面粗糙度的基本检测方法；理解常用量具的读数原理；掌握常用量具和量仪的使用方法；掌握国家职业标准所要求的机械加工所需的测量技能基础。

学生在学习本课程时，要注意把专业理论与测量实践相结合，通过测量实践加深理解和掌握相关的理论知识。

二、互换性概述

1. 互换性的含义

一台机器或部件是由很多零件装配在一起所构成的。在装配时，从大批生产出来的同一规格的零件中任意取出一件，不需再经任何选择和修配，便可直接安装到机器或部件上，并能保证其使用性能，这种技术特性叫做互换性。具有这种技术特性的零件称为具有互换性的零件。互换性是现代机械工业生产必不可少的重要技术措施。

在日常学习和生活中，互换性的例子很多。例如自动铅笔的铅芯用没了，可以换上一根同样规格的铅芯继续使用；电子手表的电池没电了，换上一块同一规格的新电池可继续使用；自行车上的脚蹬坏了，换上一个同一规格的新脚蹬可继续使用。上述所列举的同一规格自动铅笔的铅芯，同一规格电子手表的电池，同一规格自行车的脚蹬，都是具有互换性的。可见，具有互换性的零、部件应同时具备两个基本条件：

1）同一规格的零、部件不需挑选和修配，便可互换和装配。

2）同一规格的零、部件互换和装配后能满足使用要求。

2. 互换性的作用

互换性对大批量产品的设计、制造、装配、使用和维修都具有十分重要的意义。

1）为大批量产品的生产专业化创造了必要条件。

2）促进了现代自动化生产的发展。

3）有利于提高产品质量、降低生产成本。

4）使用和维修方便。

5）为产品的标准化、系列化、通用化奠定了基础，从而缩短了产品设计和制造周期，利于产品的更新换代，促进新产品的发展。

3. 互换性的种类

按互换程度划分可分为：

（1）完全互换　又称为无限互换，是指零、部件在装配或更换时不需选择、修配或调整。

（2）不完全互换　又称为有限互换，是指零、部件在装配或更换时不需要修配，但允许有附加选择或调整。

按互换范围划分可分为：

（1）几何参数互换　又称为狭义互换，是指零、部件的尺寸、形状、位置及表面粗糙度等参数具有互换性，这是本课程学习的重点内容。

（2）功能互换　又可称为广义互换，是指零、部件的几何参数、物理性能、化学性能及力学性能等方面都具有互换性。

4. 具有互换性零件的加工精度

为保证加工出来的零件具有互换性，零件的加工精度应包括以下几项内容：

（1）尺寸精度　是指零件加工后所得到的实际尺寸准确程度。它是由图样中给出的尺寸公差来控制的。如绪图 1 中所标注的孔的直径 $\phi30^{+0.021}_{0}$ 和轴的直径 $\phi30^{-0.007}_{-0.020}$。

（2）几何形状精度　是指零件加工完成后所得到的实际形状相对于理想形状的准确程度。它是由图样上给出的形状公差来控制的。如绪图 2 中所标注的圆柱度公差 0.05mm。

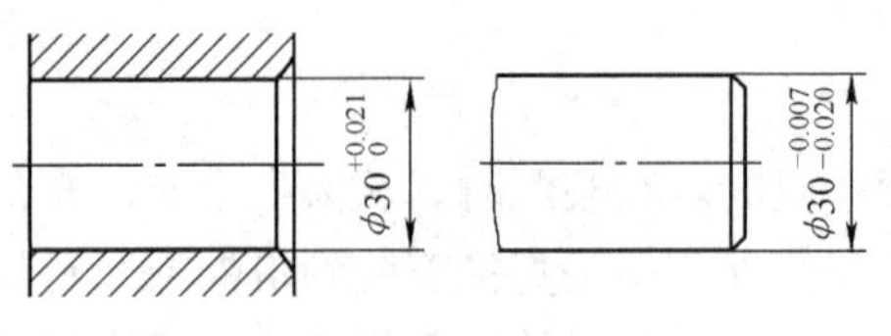

绪图 1　孔和轴的尺寸公差

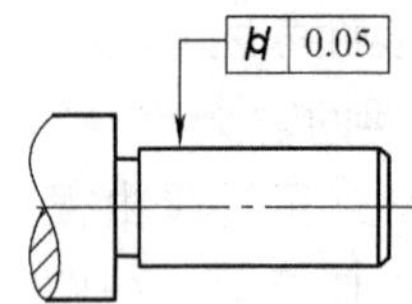

绪图 2　形状公差

（3）相互位置精度　是指零件加工后，所得到的实际位置相对于理想位置的准确程度。它是由图样上给出的位置公差和方向公差来控制的。如绪图 3 中所标注的平行度公差 0.05mm。

（4）表面粗糙度　是指零件表面微观的不平整程度。它是由图样上给出的表面粗糙度符号所规定的要求来控制的。如绪图 4 中所标注的两个符号均为表面粗糙度符号。

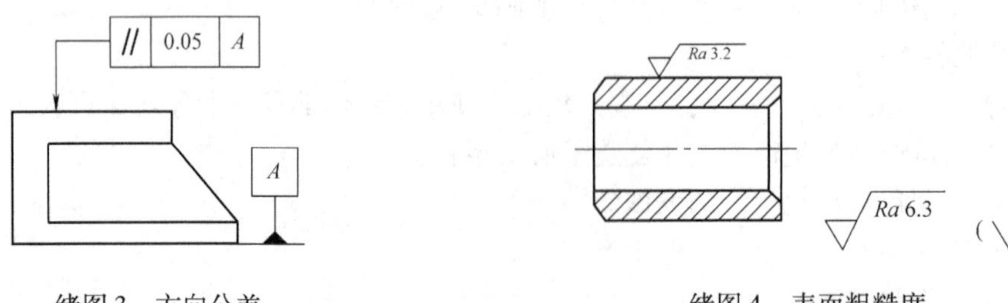

绪图 3　方向公差

绪图 4　表面粗糙度

三、《极限与配合》国家标准与标准化

国家有关技术管理部门为适应现代机械工业发展的需要，等效采用由国际标准化组织

（ISO）制定的国际公差制，颁布了《极限与配合》国家标准。

《极限与配合》国家标准是一项涉及面广、影响大的重要基础标准，它的应用几乎涉及到国民经济各个部门，尤其对机械工业具有更重要的作用。

贯彻《极限与配合》国家标准，利于产品和零、部件之间的统一和互换配套，便于组织专业化协作生产；利于保证产品精度、使用性能和寿命等各项技术要求；利于机器的设计、制造、使用和维修；利于技术交流和技术引进。

在现代科学技术发展的过程中，特别是现代机械工业发展的过程中，贯彻《极限与配合》国家标准，提高标准化程度是一项最基础的技术性工作，在生产实践中掌握和贯彻国家标准是对技术工人的基本要求。

第一单元　公差与配合

模块一　公差配合的基本术语及定义

一、概述

轴与孔结合是各种机械连接形式中最简单、最基本的一种，实际应用最为广泛。轴与孔的加工表面都是圆柱体，在加工过程中由于机床精度的限制、刀具刃磨角度的误差、工艺系统的刚性等多种因素的影响。零件的尺寸、形状、微观几何形状（表面粗糙度）以及相互位置等几何量总会存在一定的误差。为了满足零部件的互换性要求，使相同规格零、部件的几何参数接近一致，必须控制加工误差，将加工误差控制在一定的限度之内。

首先要在设计时规定一定的公差（即零件几何参数允许的变动量）来控制加工误差，其次要在加工时和加工后控制加工误差，即根据设计时规定的公差，选择合理的加工方法，按设计要求进行加工和测量。

为了保证零、部件的互换性要求，设计者必须选用国家标准规定的公差数值，保证产品应达到的要求和符合标准规定。

圆柱体结合的公差与配合是机械工程方面重要的基础标准，它不仅适用于圆柱体，也适用于其他结合中的单一尺寸确定的部分。我国从 1994 年开始就对公差与配合系列标准进行修订，目前最新的国家标准是 GB/T 1800. 1—2009《产品几何技术规范（GPS）　极限与配合　第 1 部分：公差、偏差和配合的基础》。新的国家标准依据国际标准（ISO）编写，尽可能与国际标准一致或等同。

二、尺寸的术语及定义

1. 尺寸

用特定单位表示线性长度值的数值称为尺寸。它由数字和长度单位两部分组成。一般情况下尺寸只表示长度量，如长度、宽度、高度、厚度、深度、直径、半径和中心距等。工程中规定图样上尺寸的特定单位为 mm。以毫米（mm）为单位时不需要标注计量单位的代号或名称。

2. 孔的尺寸和轴的尺寸

孔的尺寸主要是指工件的圆柱形内尺寸要素，也包括非圆柱形的内尺寸要素（由两个平行平面或切面形成的包容面）。

轴的尺寸主要是指工件的圆柱形外尺寸要素，也包括非圆柱形的外尺寸要素（由两个平行平面或切面形成的被包容面）。

如图 1-1a 所示，5 应当视为孔的尺寸，20 应视为轴的尺寸；如图 1-1b 所示，16 应视为孔的尺寸，16. 32、60、100 应当视为轴的尺寸。

【例 1-1】　根据图 1-2 所示填空。

孔的尺寸：____________________；

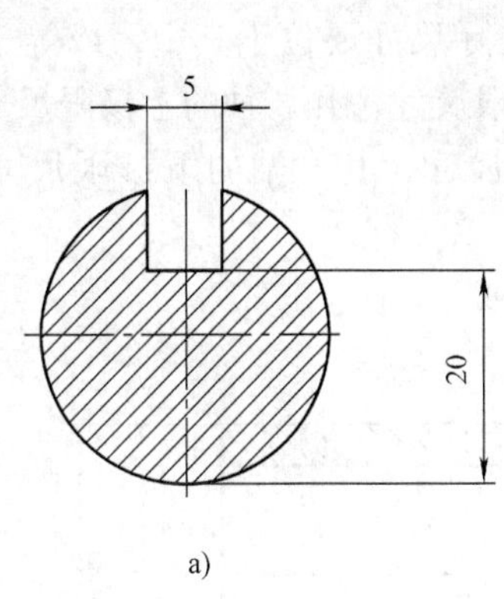

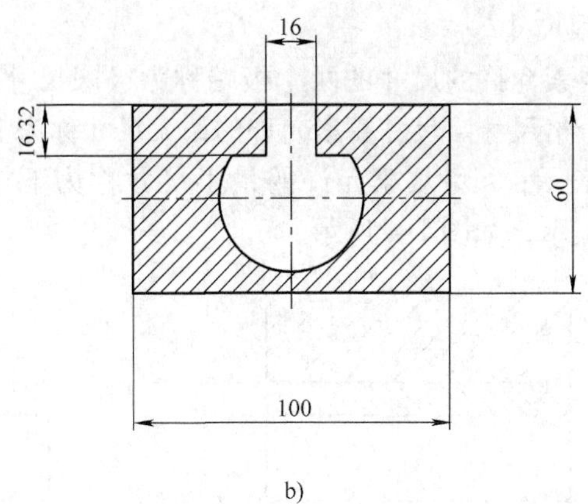

图 1-1　孔的尺寸和轴的尺寸（一）

轴的尺寸：____________________。

解　孔的尺寸：ϕ60、60、40、10（右）；

轴的尺寸：10（左）、100、110　　。

3. 公称尺寸

由图样规范确定的理想形状要素的尺寸称为公称尺寸。

公称尺寸是计算极限尺寸和极限偏差的起始尺寸，公称尺寸应标注在图样中。孔的公称尺寸代号用 D 表示，轴的公称尺寸代号用 d 表示。

图 1-2　孔的尺寸和轴的尺寸（二）

4. 实际尺寸

对实际零件通过测量获得的尺寸称为实际尺寸。由于受量具的精度、环境条件、测量操作的技术水平和视觉误差等多种因素的影响，必然存在一定的测量误差，实际尺寸并非实际零件尺寸的真实数值。同时，由于存在形状误差，零件的同一表面上的不同部位，其实际尺寸往往并不相等。孔、轴的实际尺寸分别用 D_a、d_a 表示。如图 1-3 所示，由于形状误差，沿轴向不同部位的实际尺寸不相等，不同方向的实际直径尺寸也不相等。

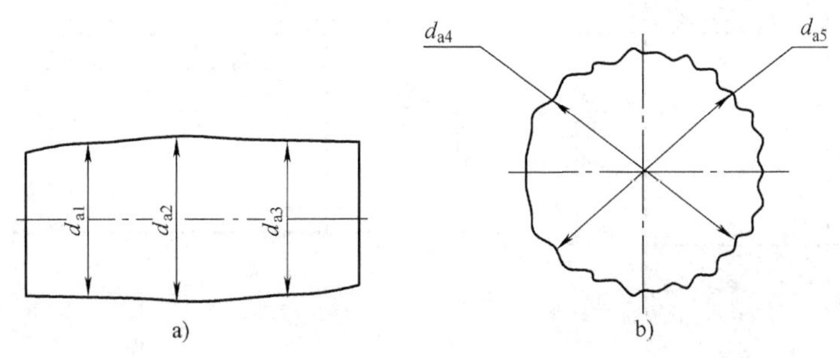

图 1-3　实际尺寸

5. 极限尺寸

尺寸要素允许的尺寸的两个极端称为极限尺寸。实际尺寸要位于其中，或等于极限尺寸，就是合格尺寸。尺寸要素允许的最大尺寸称为上极限尺寸，孔、轴的上极限尺寸分别用 D_{max}、d_{max} 表示；尺寸要素允许的最小尺寸称为下极限尺寸，孔、轴的下极限尺寸分别用 D_{min}、d_{min} 表示，如图 1-4 所示。

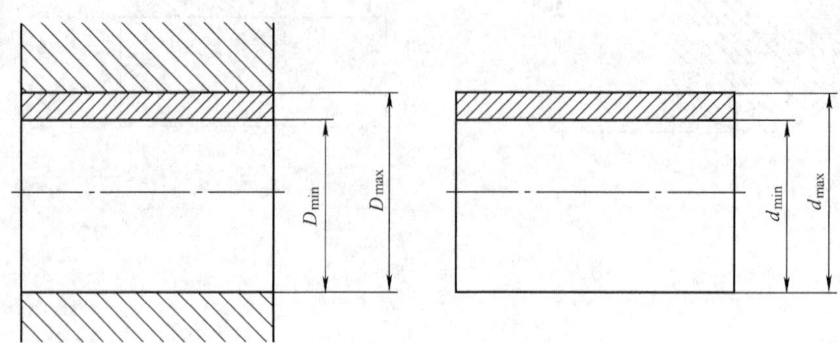

图 1-4　极限尺寸

三、偏差与公差的术语及定义

1. 尺寸偏差（简称偏差）

尺寸偏差是由某一尺寸减去公称尺寸所得的代数差，可为正值、负值或零。在计算和标注时，除零外的值必须带有正、负号。

（1）极限偏差　极限偏差分上极限偏差和下极限偏差。

1）上极限偏差：上极限尺寸减去其公称尺寸所得的代数差称为上极限偏差。孔用 ES 表示，轴用 es 表示。

2）下极限偏差：下极限尺寸减去其公称尺寸所得的代数差称为下极限偏差。孔用 EI 表示，轴用 ei 表示。

如图 1-5 所示，孔、轴的极限偏差可表示为：

孔：孔的上极限偏差 = 孔的上极限尺寸 − 孔的公称尺寸

$$ES = D_{max} - D$$

D_max=φ30.021
D_min=φ30
D=φ30
a)

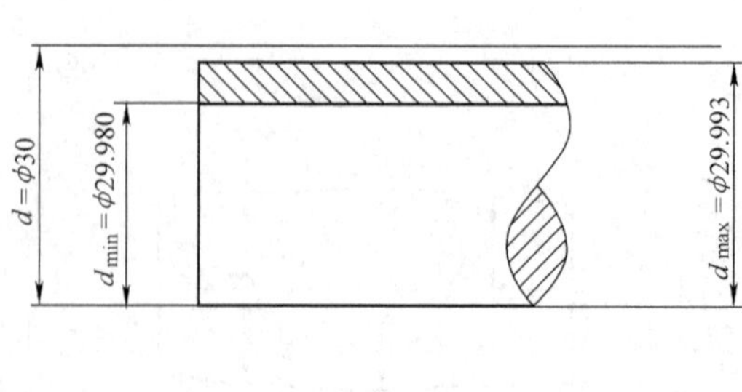

图 1-5　孔、轴的极限偏差

a）孔的极限偏差　b）轴的极限偏差

孔的下极限偏差 = 孔的下极限尺寸 − 孔的公称尺寸

$EI = D_{min} - D$

轴：轴的上极限偏差 = 轴的上极限尺寸 − 轴的公称尺寸

$es = d_{max} - d$

轴的下极限偏差 = 轴的下极限尺寸 − 轴的公称尺寸

$ei = d_{min} - d$

（2）实际偏差　实际尺寸减去公称尺寸所得的代数差称为实际偏差。

【例 1-2】　已知轴的公称尺寸为 ϕ80mm，轴的上极限尺寸为 ϕ79.970mm，下极限尺寸为 ϕ79.951mm，求轴的极限偏差。

解　$es = d_{max} - d = 79.970\text{mm} - 80\text{mm} = -0.030\text{mm}$

$ei = d_{min} - d = 79.951\text{mm} - 80\text{mm} = -0.049\text{mm}$

如图 1-6 所示，轴的公称尺寸与极限偏差在图样上标注为 $\phi 80^{-0.030}_{-0.049}$mm。孔、轴极限偏差的标注形式见图 1-7。

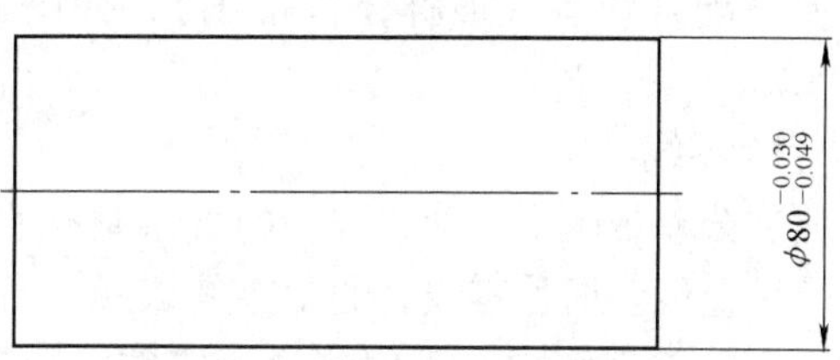

图 1-6　轴极限偏差的标注形式

2. 尺寸公差

允许尺寸的变动量称为尺寸公差（简称公差）。它等于上极限尺寸与下极限尺寸之差的绝对值，也等于上极限偏差与下极限偏差之差的绝对值。

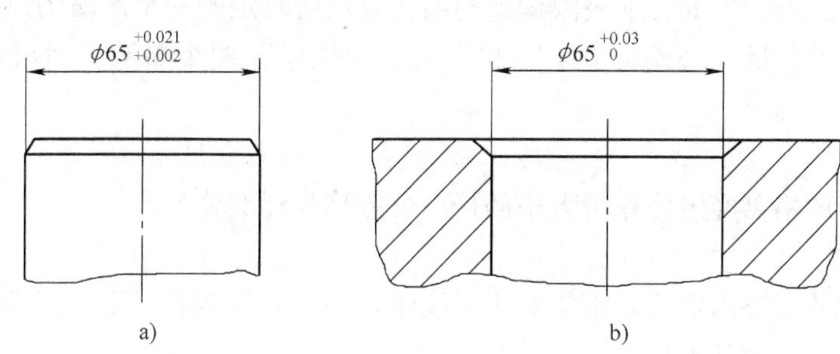

图 1-7　孔、轴极限偏差的标注形式

a）轴的标注形式　b）孔的标注形式

孔：　$Th = |D_{max} - D_{min}| = |ES - EI|$

轴：　$Ts = |d_{max} - d_{min}| = |es - ei|$

注意：公差与偏差是两个根本不同的概念，公差是绝对值，不能为零，它代表制造精度的要求，反映加工的难易程度；而偏差是代数差，表示与公称尺寸偏离的程度，与加工难易度无关。

【例 1-3】　已知孔、轴的公称尺寸为 ϕ60mm，孔的上极限尺寸为 ϕ60.030mm，下极限尺寸为 ϕ60mm；轴的上极限尺寸为 ϕ59.990mm，下极限尺寸为 ϕ59.970mm。求孔、轴的极限偏差和公差。

解　代入相应公式计算得：

孔的上极限偏差　$ES = D_{max} - D = 60.03\text{mm} - 60\text{mm} = +0.03\text{mm}$

孔的下极限偏差　$EI = D_{min} - D = 60mm - 60mm = 0$

轴的上极限偏差　$es = d_{max} - d = 59.99mm - 60mm = -0.01mm$

轴的下极限偏差　$ei = d_{min} - d = 59.97mm - 60mm = -0.03mm$

孔的公差　$Th = |D_{max} - D_{min}| = |60.03mm - 60mm| = 0.03mm$

轴的公差　$Ts = |d_{max} - d_{min}| = |59.99mm - 59.97mm| = 0.02mm$

孔或轴的公称尺寸与极限偏差在图样上分别标注为

孔：$\phi 60^{+0.03}_{0}$mm　　　轴：$\phi 60^{-0.01}_{-0.03}$mm

四、公差带图

由于公差与偏差的数值与公称尺寸数值相比差别很大，不便用同一比例尺表示。为了便于讨论，这里只画出放大的孔、轴公差带，即公差与配合图解（简称公差带图），如图 1-8 所示。

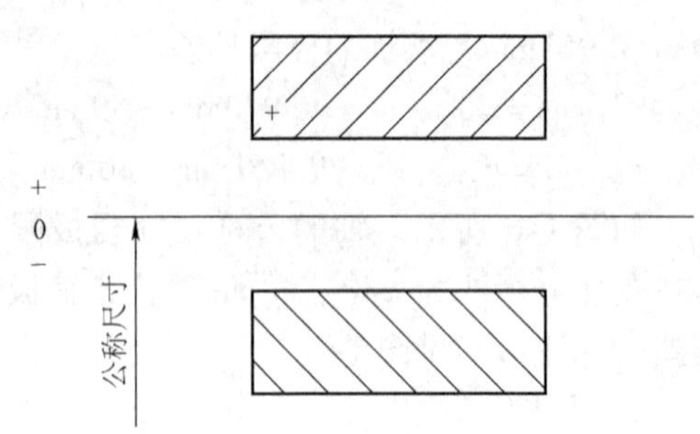

图 1-8　公差带图

1. 零线

在公差带图中，确定偏差的一条基准直线为零偏差线，简称零线，通常零线表示公称尺寸。在公差带图中，正偏差位于零线的上方，负偏差位于零线的下方。

2. 尺寸公差带（简称公差带）

在公差带图中，由代表上、下极限偏差的两条直线所限定的一个区域为尺寸公差带。在国家标准中，公差带包括“公差带大小”和“公差带位置”两个参数。前者由标准公差确定，后者由基本偏差确定。

3. 标准公差

国家标准规定的用以确定公差带大小的任一公差称为标准公差。

4. 基本偏差

国家标准规定的用以确定公差带相对于零线位置的上极限偏差或下极限偏差，一般指靠近零线的那个偏差，即为基本偏差。

五、配合的术语及定义

1. 配合

配合是指公称尺寸相同的并且相互结合的孔和轴公差带之间的关系。孔轴配合时，孔的尺寸减去相配合的轴的尺寸所得的代数差为正时是间隙，为负时是过盈。

2. 间隙配合

具有间隙（包括最小间隙等于零）的配合称为间隙配合。在公差带图上，孔的公差带位于轴的公差带之上，如图 1-9 所示。在间隙配合时，当孔为上极限尺寸、轴为下极限尺寸时，装配后便产生最大间隙（X_{max}）；当孔为下极限尺寸、轴为上极限尺寸时，装配后便产生最小间隙（X_{min}）。最大间隙和最小间隙统称

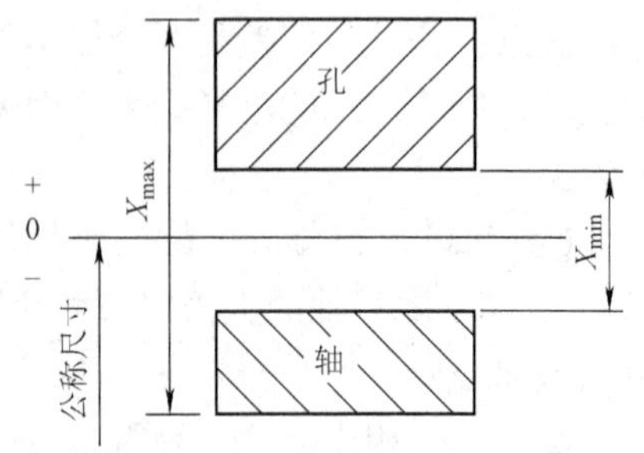

图 1-9　间隙配合

为极限间隙，其计算式为

$$X_{max}=D_{max}-d_{min}=ES-ei$$

$$X_{min}=D_{min}-d_{max}=EI-es$$

【例 1-4】 公称尺寸为 ϕ60mm 的孔、轴配合，已知 $D_{max}=\phi60.03$mm，$D_{min}=\phi60$mm，$d_{max}=\phi59.99$mm，$d_{min}=\phi59.97$mm。求极限间隙量。

解

$$X_{max}=D_{max}-d_{min}=60.03\text{mm}-59.97\text{mm}=+0.06\text{mm}$$

$$X_{min}=D_{min}-d_{max}=60.00\text{mm}-59.99\text{mm}=+0.01\text{mm}$$

3. 过盈配合

具有过盈（包括最小过盈等于零）的配合称为过盈配合。在公差带图上，孔的公差带在轴的公差带之下，如图 1-10 所示。当孔为上极限尺寸、轴为下极限尺寸时，装配后便产生最小过盈（Y_{min}）；当孔为下极限尺寸、轴为上极限尺寸时，装配后便产生最大过盈（Y_{max}）。最小过盈与最大过盈统称为极限过盈，其计算式为

$$X_{min}=D_{max}-d_{min}=ES-ei$$

$$X_{max}=D_{min}-d_{max}=EI-es$$

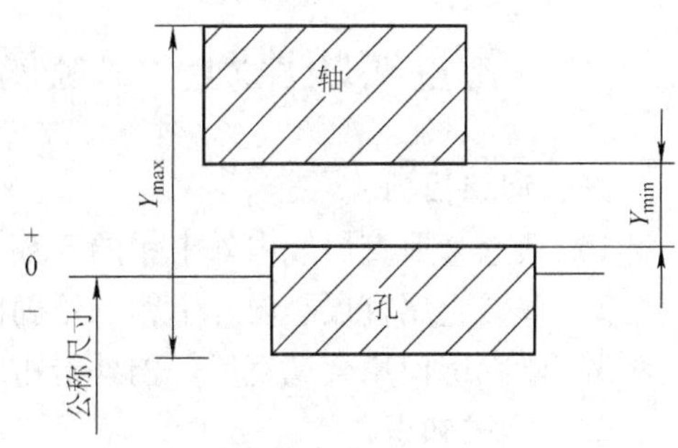

图 1-10 过盈配合

【例 1-5】 已知孔、轴的公称尺寸为 ϕ60mm，$D_{max}=\phi60.03$mm，$D_{min}=\phi60$mm，$d_{max}=\phi60.06$mm，$d_{min}=\phi60.04$mm。求极限过盈量。

解

$$Y_{min}=D_{max}-d_{min}=60.03\text{mm}-60.04\text{mm}=-0.01\text{mm}$$

$$Y_{max}=D_{min}-d_{max}=60\text{mm}-60.06\text{mm}=-0.06\text{mm}$$

4. 过渡配合

可能有间隙或过盈的配合称为过渡配合。在公差带图上，孔与轴的公差带相互交叠，如图 1-11 所示。当孔为上极限尺寸、轴为下极限尺寸时，装配后得到最大间隙；当孔为下极限尺寸、轴为上极限尺寸时，装配后产生最大过盈。其计算公式为

$$X_{max}=D_{max}-d_{min}=ES-ei$$

$$Y_{max}=D_{min}-d_{max}=EI-es$$

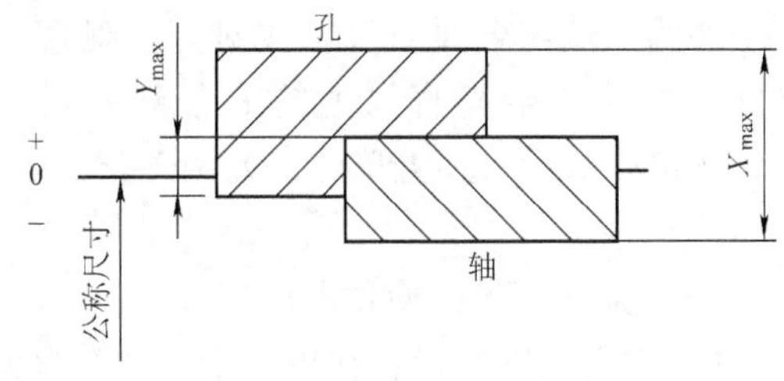

图 1-11 过渡配合

【例 1-6】 已知孔、轴的公称尺寸为 ϕ60mm，$D_{max}=\phi60.03$mm，$D_{min}=\phi60$mm，$d_{max}=\phi60.01$mm，$d_{min}=\phi59.99$mm。求极限间隙（过盈）量。

解

$$X_{max}=D_{max}-d_{min}=60.03\text{mm}-59.99\text{mm}=+0.04\text{mm}$$

$$Y_{max}=D_{min}-d_{max}=60.00\text{mm}-60.01\text{mm}=-0.01\text{mm}$$

5. 配合公差

配合公差（Tf）为组成配合的孔与轴的公差之和，也等于极限间隙（或过盈）量之差的绝对值。配合公差表示配合精度，是评定配合质量的一个重要指标。其计算式为

$$Tf = Th + Ts$$

用极限间隙（或过盈）量表示为

$$间隙配合：|X_{max} - X_{min}|$$

$$过盈配合：|Y_{min} - Y_{max}|$$

$$过渡配合：|X_{max} - Y_{max}|$$

测量实践课题一　金属直尺、内外卡钳测量基本技能

一、训练目标

1）熟悉金属直尺、内外卡钳的读数方法。

2）掌握金属直尺、内外卡钳的正确使用方法。

3）能熟练使用金属直尺、内外卡钳对典型工件进行测量。

二、相关知识

1. 金属直尺

（1）金属直尺的结构　金属直尺是一种简单的尺寸量具，如图 1-12 所示，它主要用来量取尺寸、测量工件，也可以用作钳工划直线的导向工具。在金属直尺表面上刻有尺寸刻度线，最小刻度为 0.5mm，其长度规格有 150mm、300mm、500mm、1000mm 等多种。使用该尺测量比较直观，但测量精度较低。

图 1-12　金属直尺

（2）金属直尺的读数方法　首先将被测工件的一端与金属直尺零线对齐，观察工件另一端与金属直尺上的哪条刻线对齐，读出读数后再加上单位，如图 1-13 所示。

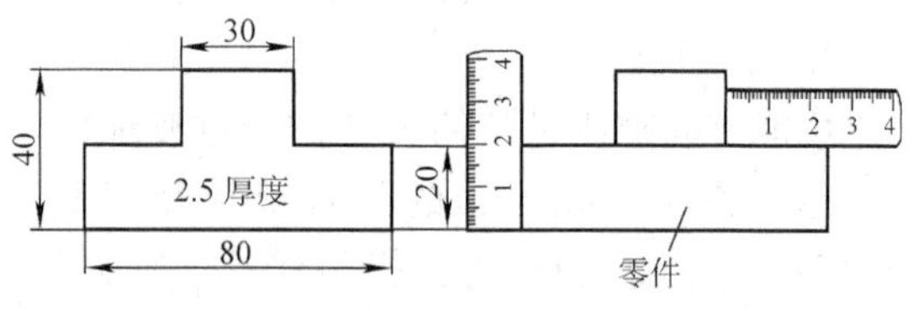

图 1-13　金属直尺的读数方法

（3）金属直尺的使用方法

1）对直角的测量：在对一个直角进行测量时，金属直尺应对基准边垂直放置，此时零件的边线必须与“0”刻线对齐，如图 1-14 所示。

2）对台阶的测量：如图 1-15 所示，对台阶进行测量时，金属直尺应对准基准边垂直放置，在读数时视线应垂直于金属直尺的刻线面。

3）没有台阶的测量：测量没有台阶的零件时，用大拇指在零件边上支撑钢直尺，“0”刻线必须和零件的测量边对准，如图 1-16 所示。

4）读数误差：在金属直尺上读数的方向必须要垂直，只有这样才能避免读数误差，如图 1-17 所示。

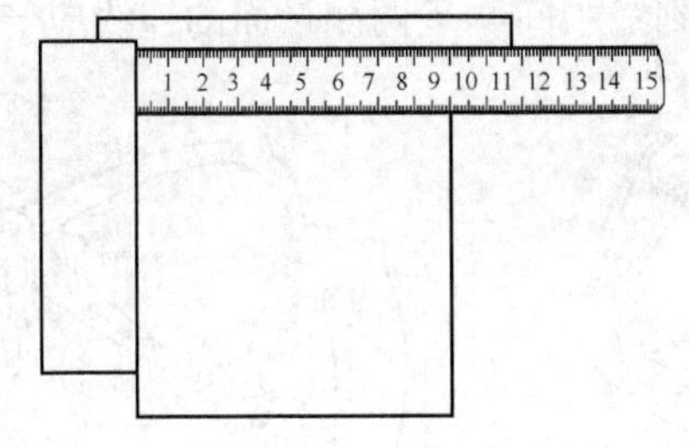

图 1-14　直角的测量

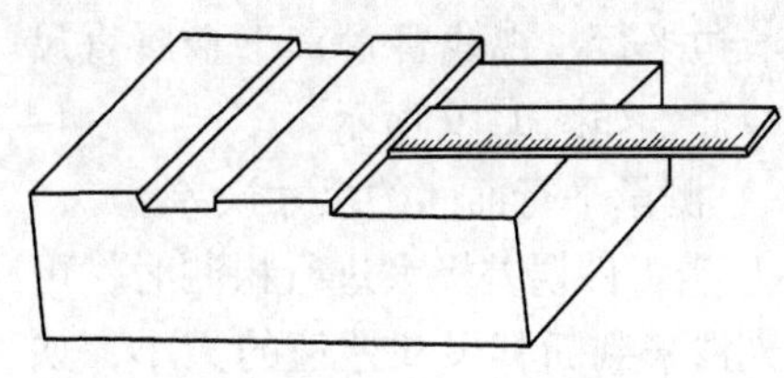

图 1-15　台阶的测量

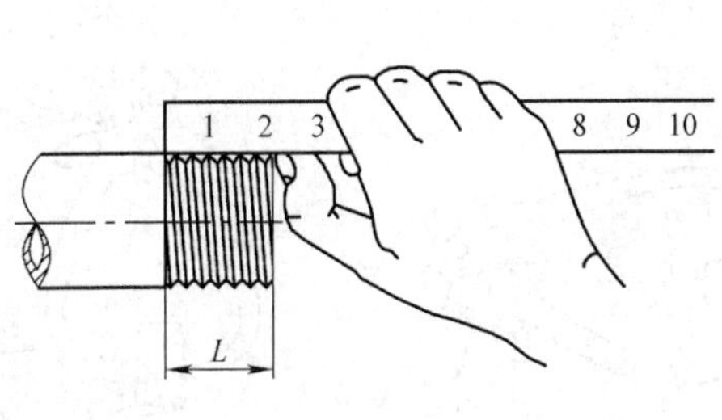

图 1-16　没有台阶的测量

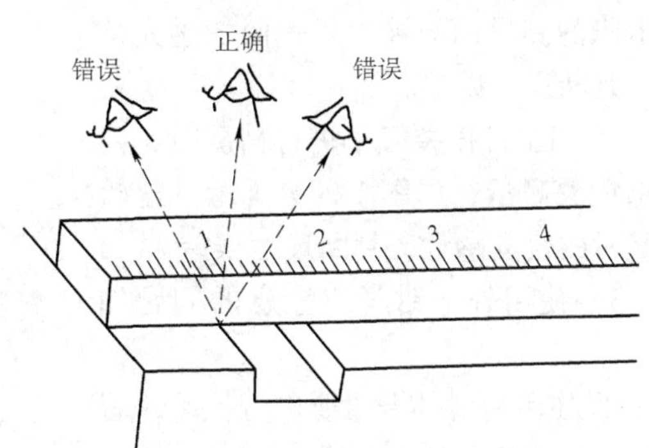

图 1-17　金属直尺的读数

（4）注意事项

1）对于加工完的工件要将其放在室内停留一段时间后再进行测量。

2）擦净工件与量具的接触面。

3）金属直尺与被测量长度要平行。

4）要进行正确读数。

2. 内、外卡钳

如图 1-18 所示，内、外卡钳是一种间接量具，用于测量尺寸时必须先在工件上度量后，再在带读数的刻度尺上进行比较，读出卡钳在刻度尺上的读数即可。用这种方法测量时，可能产生的误差较大，故工作中主要用于要求不高的零件尺寸的测量和检验。

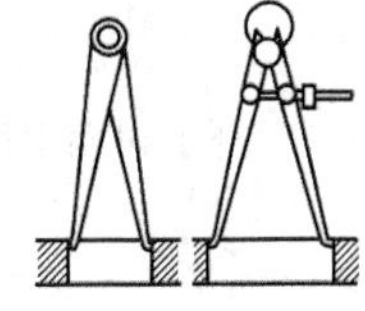

a)

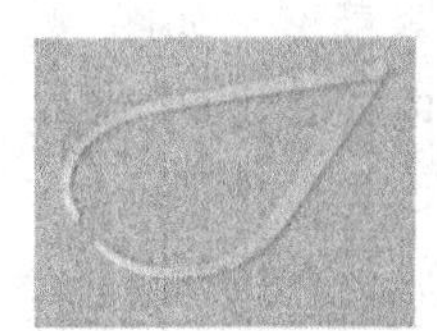
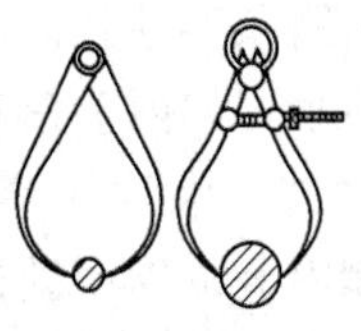

b)

图 1-18　内、外卡钳的结构
a）内卡钳　b）外卡钳

（1）外卡钳的测量方法

1）外卡钳测量尺寸的量取。外卡钳量取好尺寸后，一个卡脚的测量面要紧靠金属直尺的端面，另一个卡脚的测量面调节到对准所取尺寸的刻线中间，且两测量面的连线应与金属直尺长边平行，视线要垂直于金属直尺的刻线面，如图1-19所示。

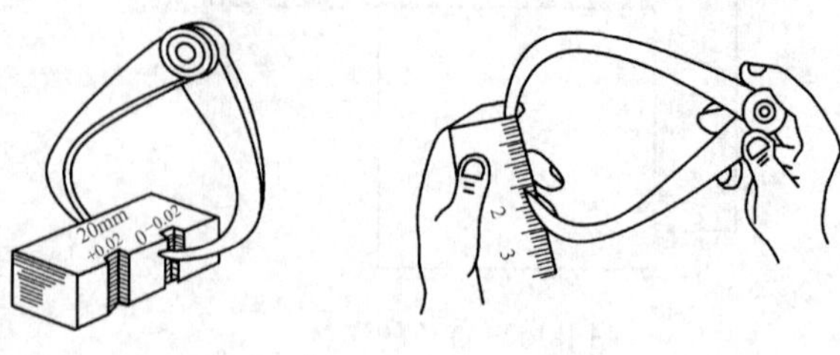

图1-19　外卡钳测量尺寸的量取

2）测量平行面间的尺寸误差。

① 当工件误差极大进行粗测时，可用透光法来判断其尺寸差值的大小，如图1-20a所示。此时，外卡钳一卡脚的测量面要始终抵住工件基准面，观察另一卡脚的测量面与被测量表面的透光情况，判断尺寸误差。

② 当工件误差极小进行精测时，要用感觉法测量，如图1-20b所示。比较测量时的松紧感觉，判断尺寸误差。

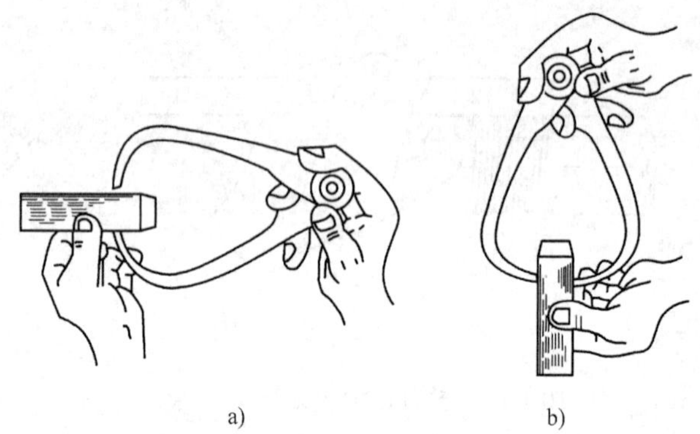
a)　b)

图1-20　外卡钳的测量方法
a）透光法　b）感觉法

3）使用外卡钳时应注意的问题如下：

① 使用前对外卡钳要进行检验，看卡脚开口的调节是否灵活。

② 擦净两卡脚测量面。

③ 去除工件上的毛刺及污物。

④ 测量时，两卡脚的测量面与工件的接触要正确，方法是使外卡钳测量面处于感觉最松的位置，如图1-21所示。

⑤ 测量力要适中。

⑥ 外卡钳测量开口大小的调节如图1-22所示。

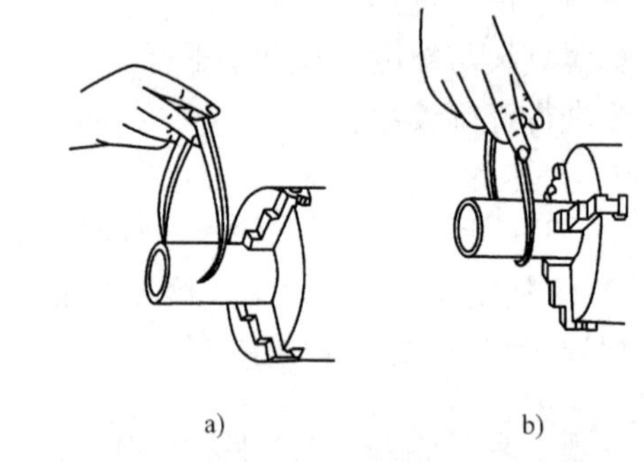
a)　b)

图1-21　外卡钳两卡脚的测量面与工件的接触
a）正确方法　b）错误方法

（2）内卡钳的测量方法

1）内径的测量。用已在钢直尺上取好尺寸的内卡钳去测量内径，就是比较内卡钳在零件孔内的松紧程度，如图1-23所示，如内卡钳在孔内有较大的自由摆动时，就表示卡钳尺寸比孔径小了；如内卡钳放不进去或放进孔内后紧得不能自由摆动时就表示内卡钳尺寸比孔径大了；如内卡钳放入孔内，按照上述的测量方法能有1～2mm的自由摆动距离时，孔径与内卡钳的尺寸正好相等。

2）内卡钳开度的调节。调节卡钳开度时，应轻轻敲击卡钳脚的两侧面，先把卡钳开口尺寸调整到和工件尺寸相近，轻

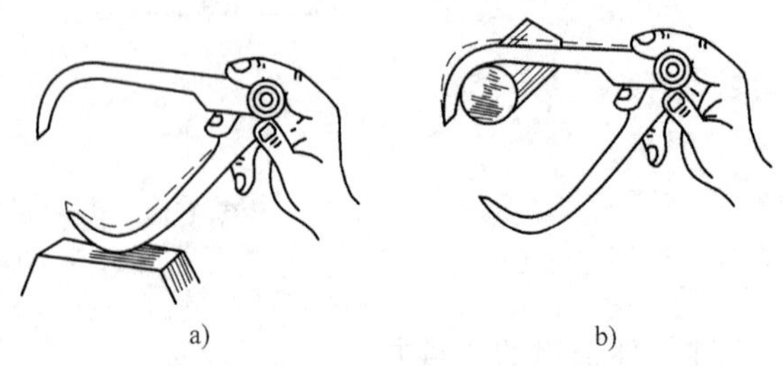
a)　b)

图1-22　外卡钳测量开口大小的调节

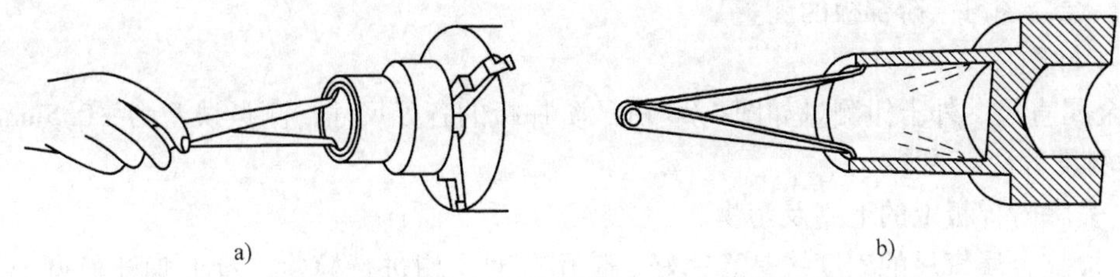

图 1-23　内卡钳的测量方法

敲卡钳外侧来减小卡钳开口尺寸，轻敲卡钳内侧来增大卡钳开口尺寸，如图 1-24 所示。

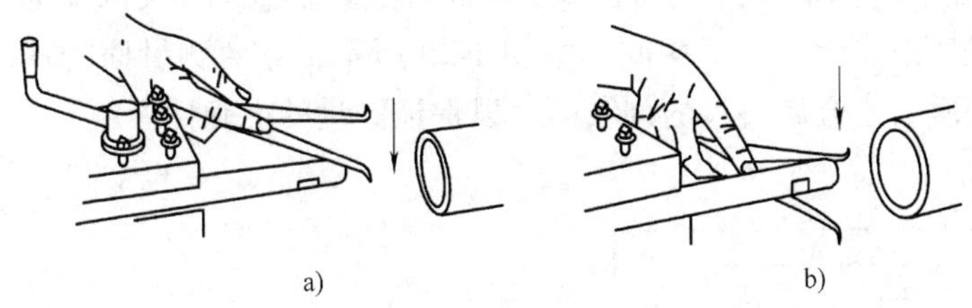

图 1-24　内卡钳开度的调节

a）减小卡钳开口尺寸　b）增大卡钳开口尺寸

3）使用内卡钳时应注意的问题如下：

① 注意检查钳口的形状，钳口形状对测量精确性影响很大，应注意经常修整钳口形状，如图 1-25 所示。

② 调整卡钳开口时，不可直接敲击钳口，如图 1-26 所示，否则会因卡钳的钳口损伤测量面而引起测量误差。

③ 测量时不要用手握住卡钳进行测量，如图 1-27 所示，否则会没有手感，难以比较内卡钳在零件孔内的松紧程度，并使卡钳变形而产生测量误差。

（3）卡钳的适用范围　卡钳是一种简单的量具，由于它具有结构简单、制造方便、价格低廉、维护和使用方便等特点，广泛应用于要求不高的零件尺寸的测量和检验，尤其是对锻铸件毛坯尺寸的测量和检验，卡钳是最合适的测量工具。

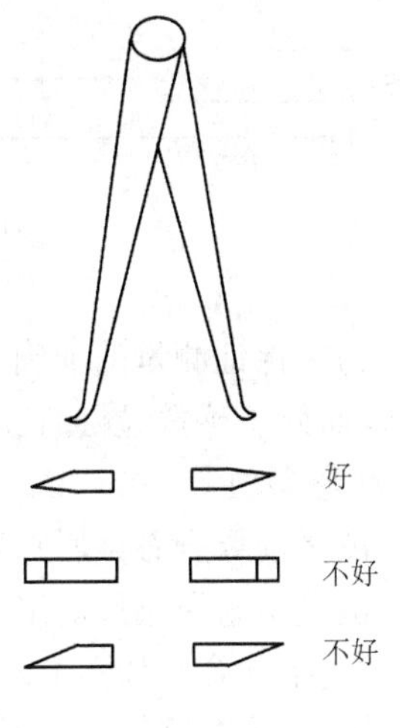

图 1-25　内卡钳钳口的形状

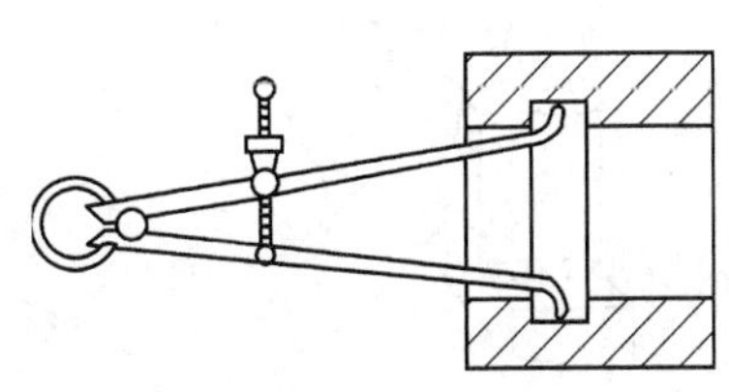

图 1-26　调整卡钳开口

图 1-27　测量时不要用手握住卡钳

三、综合练习：阶梯板的测量

1. 工件图样

用金属直尺、外卡钳测量如图 1-28 所示阶梯板的各处尺寸，测量误差为 ±0.5mm。

2. 测量方法

1）去除阶梯板上的毛刺及污物。

2）检查金属直尺的刻度线是否完好。使用前对卡钳进行检验，看卡脚开口调节是否灵活。

3）测量时，首先将被测长度的一端与钢直尺的零线对齐，观察工件另一端与金属直尺上的哪条刻线对齐，读出读数再加上单位，即为被测量值。

4）使用外卡钳进行测量时，一个卡脚的测量面要紧靠金属直尺的端面，另一个卡脚的测量面调节到对准所取尺寸的刻线中间，如图 1-29 所示，且两测量面的连线应与金属直尺长边平行，视线要垂直于金属直尺的刻线面，以保证测量的准确性。

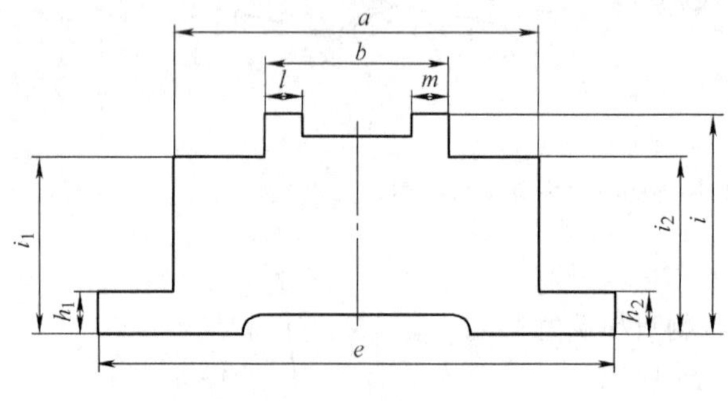

图 1-28　阶梯板的尺寸

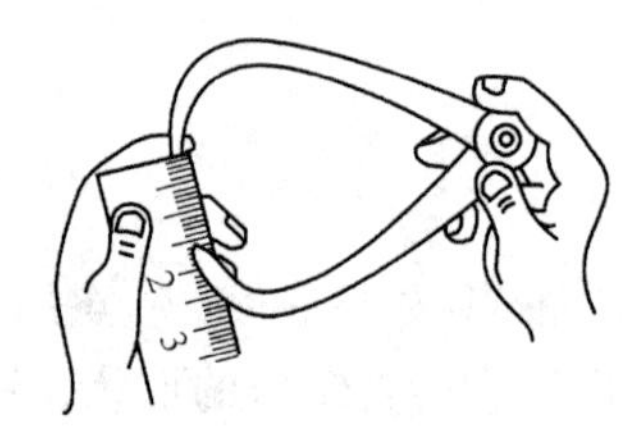

图 1-29　外卡钳测量尺寸的量取

5）为了保证测量的准确性，测量时两卡脚的测量面与工件的接触要正确，方法是外卡钳的测量面处于感觉最松的位置。

3. 注意事项

1）测量前要查看金属直尺的测量边与刻度线是否完好。

2）测量中金属直尺的定位可借助于工件自身的台阶，如图 1-30 所示，也可利用右手的大拇指与食指配合，如图 1-31 所示，这时金属直尺的零线要与被测工件相应边对齐，而大拇指固定处即为被测值，还可以借助于其他东西定位。

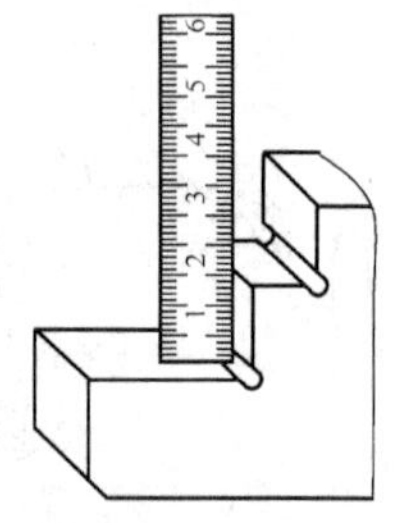

图 1-30　利用工件自身的台阶定位

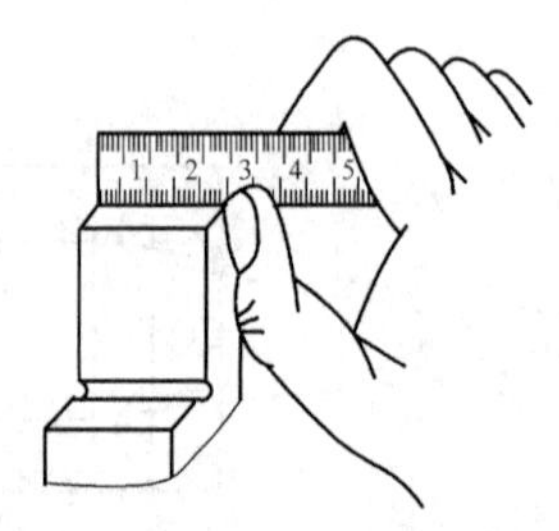

图 1-31　用大拇指与食指配合进行定位

3）测量时应注意不要让金属直尺歪斜，应与被测平面成 90°角，要垂直读数，防止产生偏视误差。

4）测量前应将内、外卡钳两卡脚的测量面擦净，检查内、外卡钳的开口调节是否灵活。

5）卡钳量取好尺寸后，不要碰撞，以防止尺寸发生变动。

4. 思考题

1）用金属直尺测量能达到什么样的读数精度？

2）为什么在一些实际值测量中要求有辅助工具？

3）用金属直尺测量适用于哪些场合？

4）使用内、外卡钳测量时应注意什么？

模块二　标准公差与基本偏差

一、标准公差

标准公差是国家标准规定的，用以确定公差带大小的任一公差。它分为 20 个等级，用公差符号 IT 和阿拉伯数字表示，即 IT01、IT0、IT1、IT2、…、IT18。公差等级用来确定尺寸精度，IT01 最高，以下逐级降低，IT18 最低。

二、基本偏差

基本偏差是国家标准规定的，用以确定公差带相对于零线位置的上极限偏差或下极限偏差，一般指靠近零线的那个偏差。基本偏差共有 28 个，用拉丁字母表示，孔用大写字母表示，轴用小写字母表示，如图 1-32 所示。

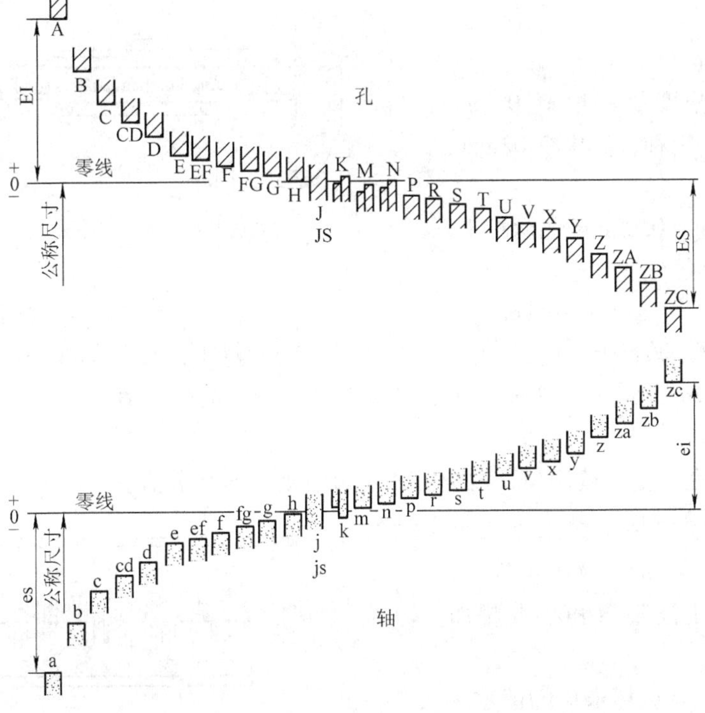

图 1-32　基本偏差

测量实践课题二　游标卡尺测量基本技能

一、训练目标

1）了解游标卡尺的结构、用途及常用的种类。

2）掌握游标卡尺的分度原理和读数方法。

3）能熟练使用游标卡尺对典型工件进行测量。

二、相关知识

1. 游标卡尺

游标卡尺是一种常用量具，能直接测量零件的外径、内径、长度、宽度和孔距等，应用极为广泛，如图 1-33 所示。目前机械加工中常用游标卡尺的测量范围为 0 ~ 150mm、0 ~ 200mm、0 ~ 300mm 等。

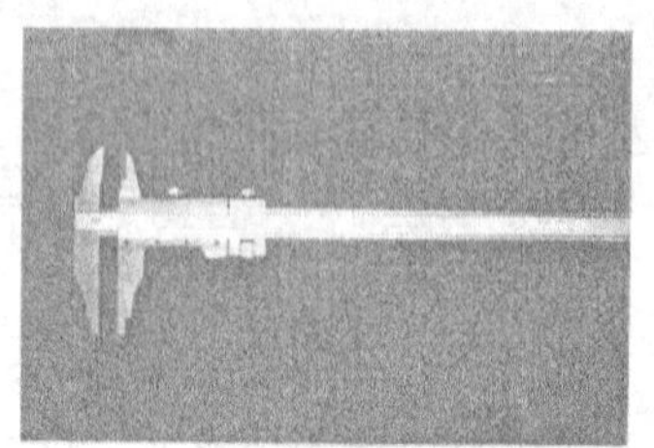

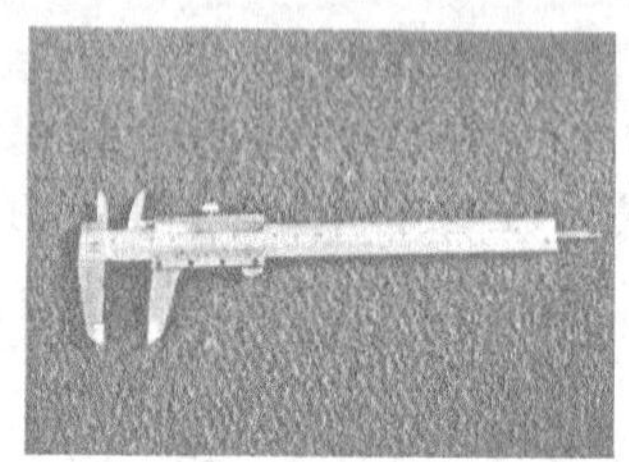

图 1-33　游标卡尺

（1）游标卡尺的结构　游标卡尺的结构如图 1-34 所示。

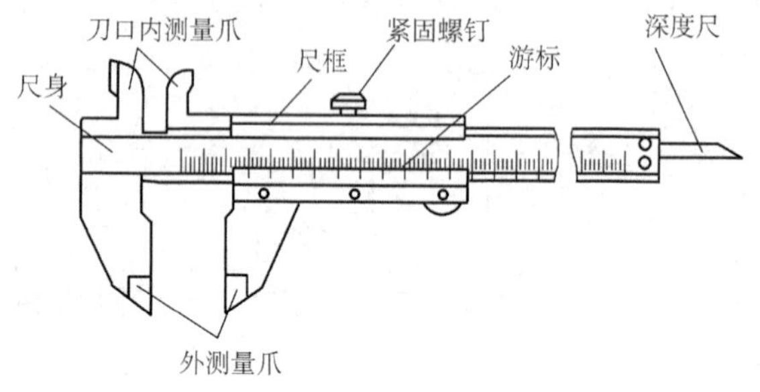

图 1-34　游标卡尺的结构

（2）分度原理

游标卡尺的分度值一般有 0. 1mm、0. 05mm、0. 02mm 三种，其中 0. 02mm 比较常用。

下面以分度值为 0. 02mm 的游标卡尺为例说明游标卡尺的分度原理。

游标卡尺尺身刻线间距为 1mm，当两个测量爪合并时，游标上 50 格刚好与尺身上的 49mm 对正，尺身刻线间距与游标每格尺寸之差为 1mm - 49mm/50 = 0. 02mm，此差值即为游标卡尺的分度值。

（3）读数方法

1）读整数。在尺身上读出位于游标零线左边最接近的整数值。

2）读小数。看游标上哪条刻线与主尺刻线对齐，按每格 0. 02mm，读出小数值。

3）求和。将上述整数和小数相加，即为被测尺寸。

读出图 1-35 所示游标卡尺的读数。

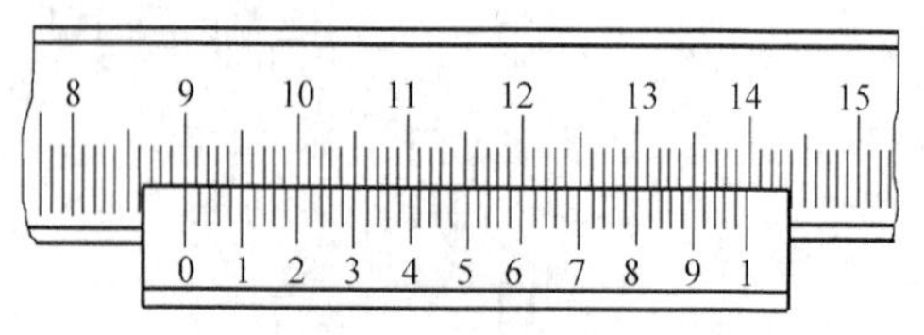

图 1-35　读数方法

第一步：游标零线在 90mm 后面，即整数为90。

第二步：游标刻线上4后面第一条刻线与主尺刻线对齐，即小数为0.42。

第三步：求和，90mm+0.42mm=90.42mm，可得测量结果为90.42mm。

2. 注意事项

1）使用前要对游标卡尺进行检验，看是否对零。

2）活动游标，看卡尺是否灵活。

3）擦净游标卡尺的测量爪。

4）去除工件上的毛刺及污物。

5）注意测量温度。

6）卡爪应校正。

7）测量力要适中。

8）应垂直读数。

9）测完应把卡尺放回原处。

3. 使用方法

游标卡尺的使用方法如图1-36所示。

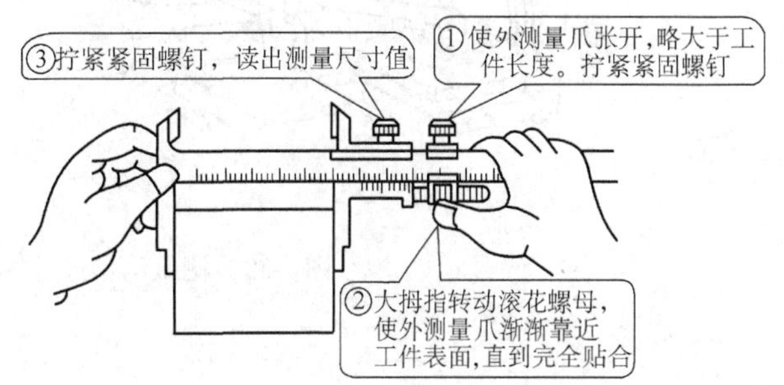

图1-36　游标卡尺的使用方法

（1）测量外尺寸　首先应使量爪的开口尺寸略大于被测尺寸，能够自由进入工件，以固定量爪贴住工件，然后移动游标，使活动量爪与工件另一表面相接触，拧紧紧固螺钉，读出读数，如图1-37所示。

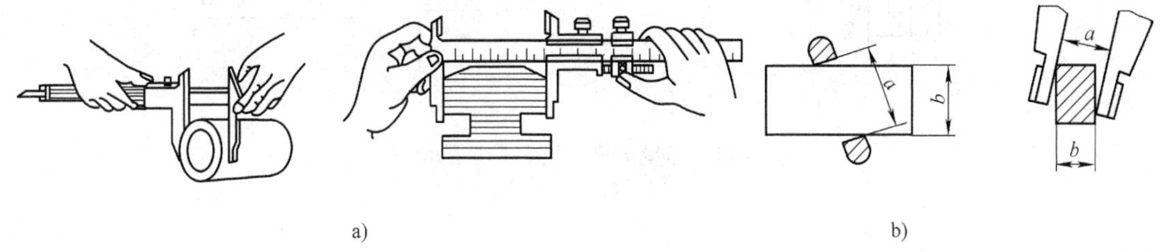

图1-37　测量外尺寸时的位置
a）正确位置　b）错误位置

（2）测量内尺寸　应使游标卡尺量爪的间距略小于被测尺寸，将量爪沿孔的中心线放入，使定量爪与孔边接触，然后将活动量爪在被测工件孔内表面上稍微移动一下，找出最大尺寸，如图1-38所示。

（3）测量沟槽尺寸　对于平面形沟槽尺寸应当用量爪的平面测量刃进行测量，尽量避免用端部测量刃测量；而对于圆弧形沟槽尺寸，则应当用刃口形量爪进行测量，不应当用平面测量刃进行测量，如图1-39所示。

测量沟槽宽度时，也要正确放置游标卡尺，应使卡尺两测量刃的连线垂直于沟槽，不能歪斜，否则，量爪若在图1-40b所示错误的位置上，也将使测量结果不准确（可能大也可

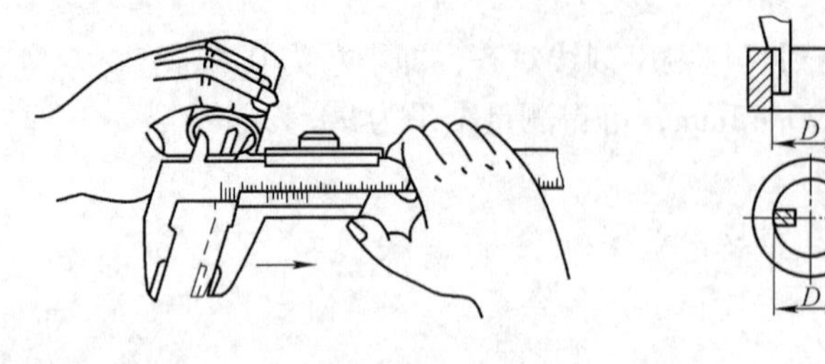

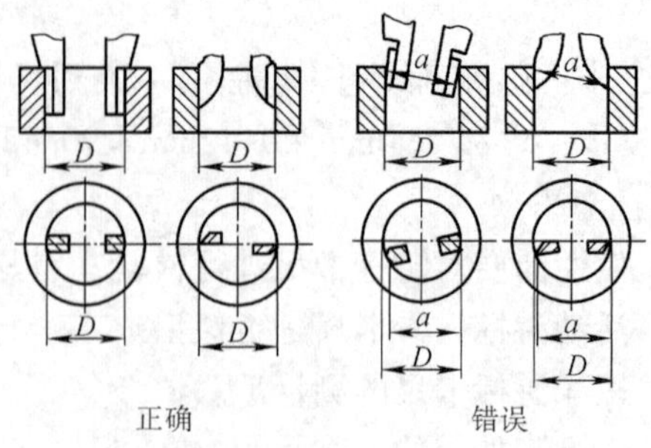

图 1-38　测量内尺寸时的位置

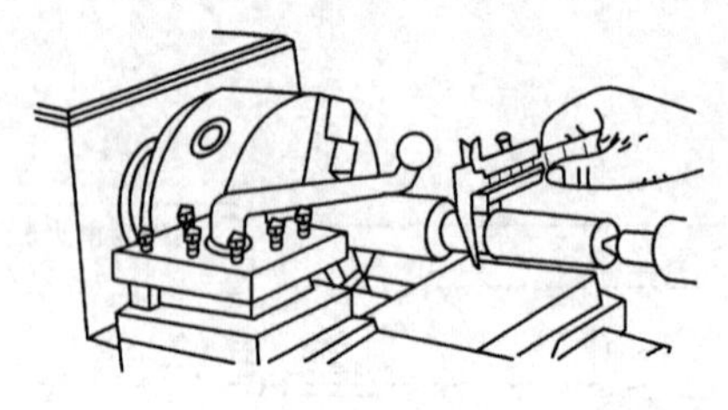

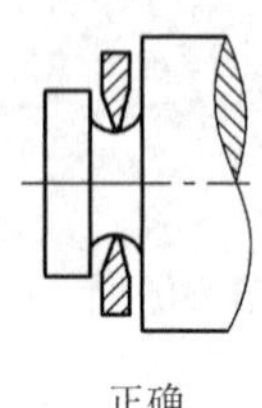

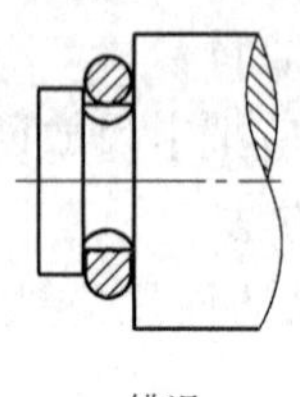

图 1-39　测量沟槽尺寸时量爪的选择

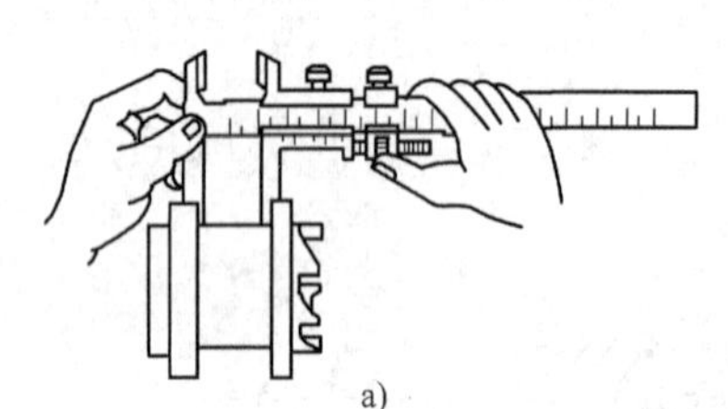

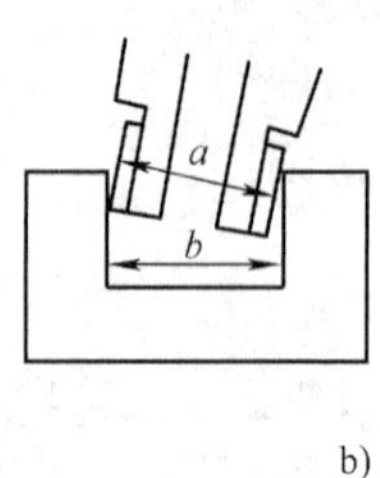

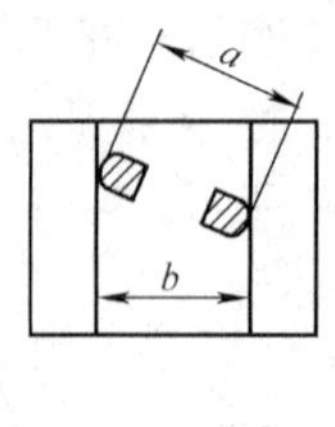

图 1-40　测量沟槽宽度时量爪的位置

a）正确　b）错误

能小）。

（4）测量深度　测量深度时，要使卡尺端面与被测工件的顶端平面贴合，同时保持深度尺与该平面垂直，如图 1-41 所示。

（5）测量厚度　测量厚度时，应使游标卡尺量爪的间距略大于被测工件的尺寸，再使工件与固定量爪贴合，然后使活动量爪与被测工件另一表面接触，找出最小尺寸，如图1-42所示。

（6）测量孔的中心线与侧平面之间的距离　用游标卡尺测量孔的中心线与侧平面之间的距离 L 时，先要用游标卡尺测量出孔的直径 D，再用刃口形量爪测量孔的壁面与零件侧面之间的最短距离，如图 1-43 所示。

此时，游标卡尺应垂直于侧平面，且要找到它的最小尺寸，读出游标卡尺的读数 A，则孔的中心线与侧平面之间的距离为

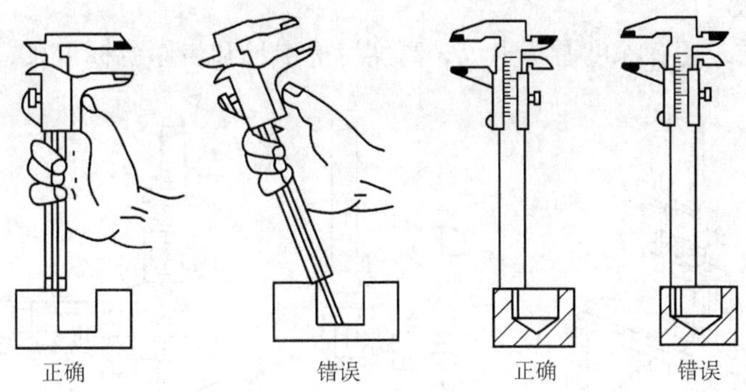

图 1-41　测量深度尺寸时正确与错误的位置

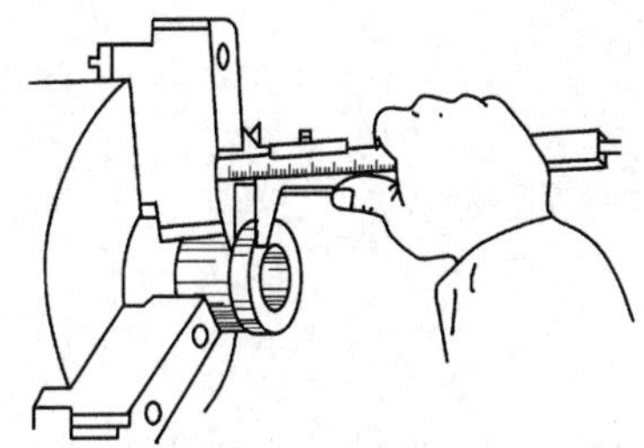

图 1-42　测量厚度尺寸

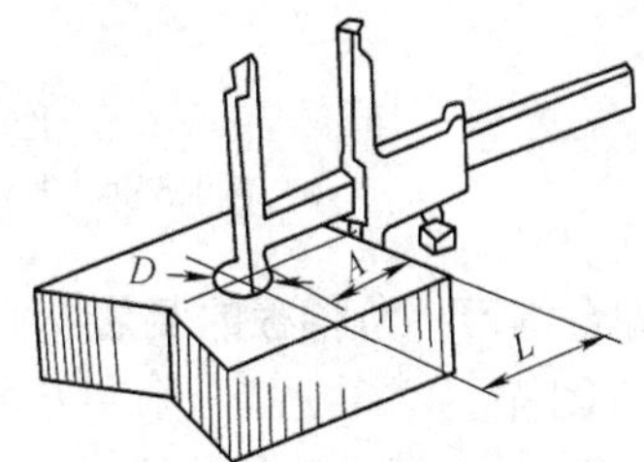

图 1-43　测量孔的中心线与侧平面之间的距离

$$L = A + \frac{D}{2}$$

（7）测量两孔的中心距　用游标卡尺测量两孔的中心距有以下两种方法：

1）先用游标卡尺分别量出两孔的内径 D_1 和 D_2，再量出两孔内表面之间的最大距离 A，如图 1-44 所示，则两孔的中心距为

$$L = A - \frac{1}{2}(D_1 + D_2)$$

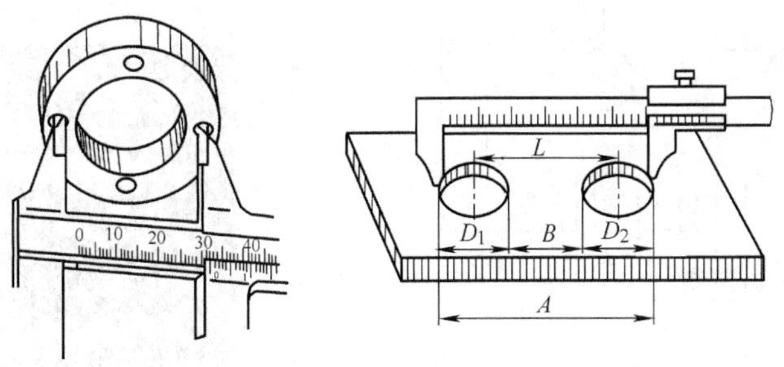

图 1-44　测量两孔的中心距

2）先用游标卡尺分别量出两孔的内径 D_1 和 D_2，然后用刀口形量爪量出两孔内表面之间的最小距离 B，则两孔的中心距为

$$L = B + \frac{1}{2}(D_1 + D_2)$$

4. 其他游标卡尺

由于用途的不同，还有深度游标卡尺、高度游标卡尺和齿厚游标卡尺，如图 1-45 所示。

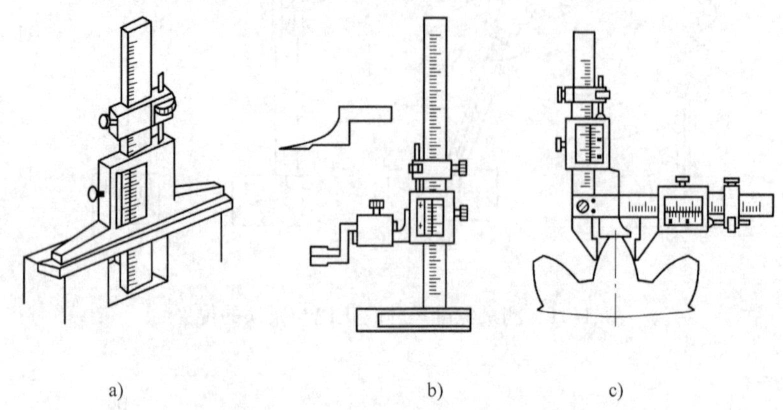

图 1-45　其他游标卡尺

a）深度游标卡尺　b）高度游标卡尺　c）齿厚游标卡尺

三、综合练习：阶梯板的测量

1. 工件图样

测量如图 1-46 所示阶梯板上有标记的长度、孔径、槽宽、槽深，并确定中心距。

2. 测量方法

1）使用前要对游标卡尺进行检验，看是否调零。

2）去除工件上的毛刺及污物。

3）测量外尺寸 *A* 时，首先应使外测量爪的开口尺寸略大于 *A* 尺寸，能够自由进入工件，以固定量爪贴住工件，然后移动游标，使活动量爪与工件另一表面相接触，拧紧紧固螺钉，读出读数，如图 1-47 所示。

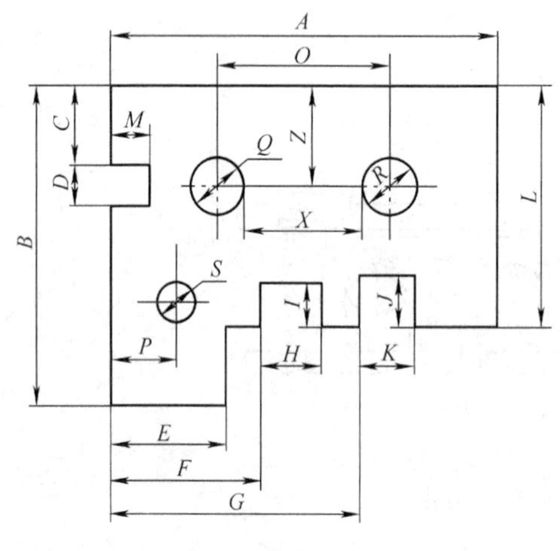

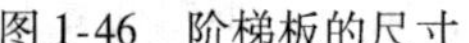

图 1-46　阶梯板的尺寸

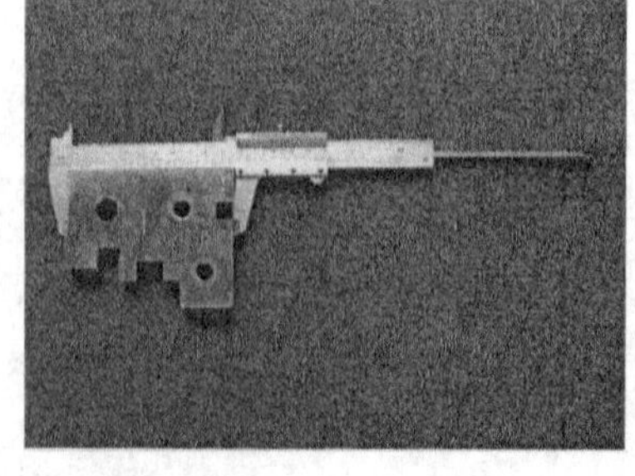

图 1-47　测量外尺寸 *A*

4）测量沟槽宽度 *H* 时，应使游标卡尺量爪的间距略小于被测工件的尺寸，将量爪沿槽的边缘线放入，使定量爪与沟槽接触，然后将量爪在被测工件内表面上稍微移动一下，找出最大尺寸，其位置如图 1-48 所示。

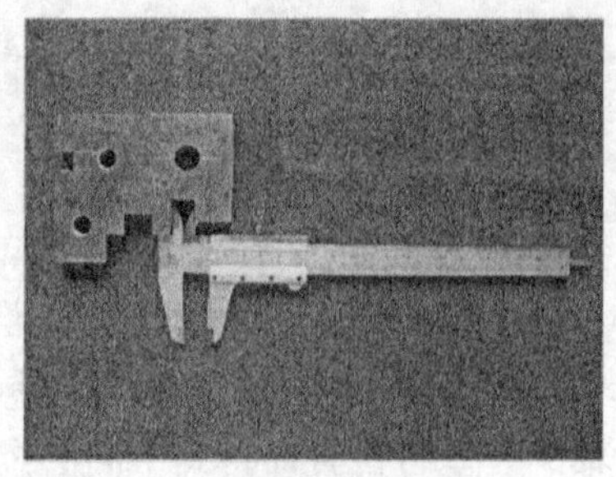

图 1-48　测量沟槽宽度 H

5）用游标卡尺测量两孔的中心距时，先分别量出两孔的内径 Q 和 R，然后用刃口形量爪量出两孔内表面之间的最小距离 X，如图 1-49 所示，则两孔的中心距为

$$O = X + \frac{1}{2}(Q + R)$$

6）测量深度尺寸 J 时，要使卡尺端面与被测工件的顶端平面贴合，同时保持深度尺与该平面垂直，正确测量位置如图 1-50 所示。

图 1-49　两孔中心距的测量方法

图 1-50　深度尺寸 J 的测量方法

3. 注意事项

1）测量时，不要让卡尺歪斜，否则会造成测量误差，如图 1-51 所示。

2）测量力要适中，不要将卡尺从工件上抽下再读数，否则会磨损测量面和造成测量误差。

3）游标卡尺的量爪部位较锐利，操作时应小心。

4）测量深度尺寸时，应注意不要让卡尺歪斜，否则会造成测量误差，如图 1-52 所示。

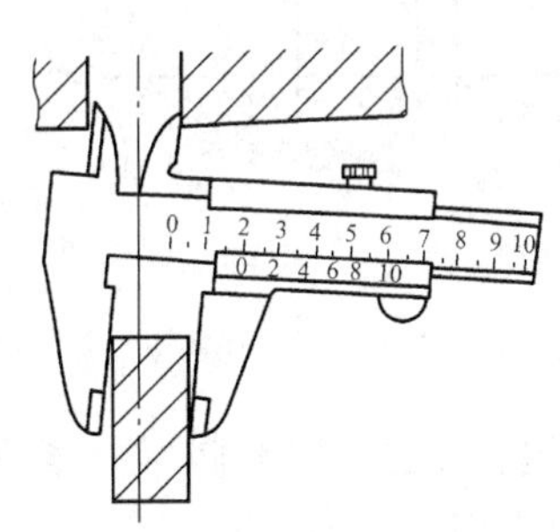

图 1-51　卡尺的歪斜造成测量误差

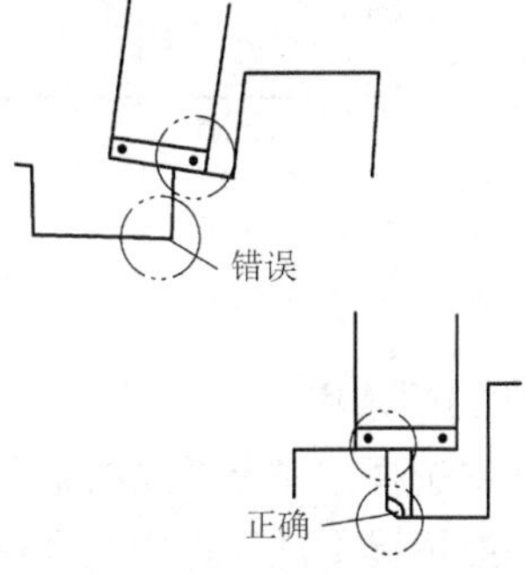

图 1-52　测量深度尺寸时卡尺的位置

5）测量结束后，游标卡尺要用软布擦净，放回盒内。

4. 思考题

1）使用游标卡尺时应注意什么问题？

2）用游标卡尺测量深度时常见误差的原因是什么？

模块三　公差与配合的应用

一、基准制和配合的选用

1. 基准制

国家标准中规定了两种基准制，即基孔制和基轴制。

（1）基孔制　公称尺寸相同的相互配合的孔和轴，将孔的公差带位置固定，通过变换轴的公差带位置而得到不同的配合，如图 1-53 所示。基孔制的孔称为基准孔，其下极限偏差为零，基孔制的基本偏差代号为“H”。

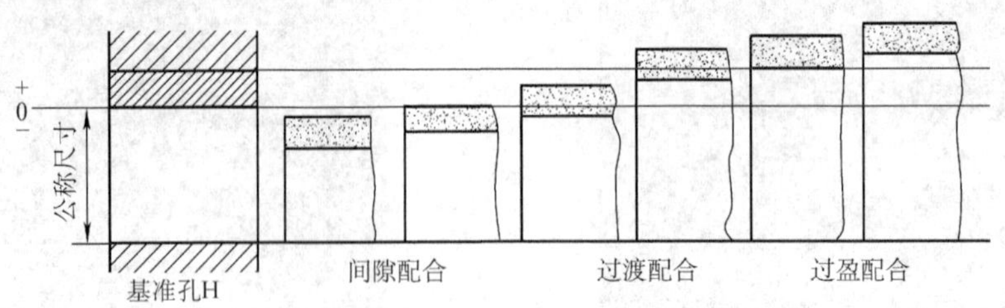

图 1-53　基孔制

（2）基轴制　公称尺寸相同的相互配合的孔和轴，将轴的公差带位置固定，通过变换孔的公差带位置而得到不同的配合，如图 1-54 所示。基轴制的轴称为基准轴，其上极限偏差为零，基轴制的基本偏差代号为“h”。

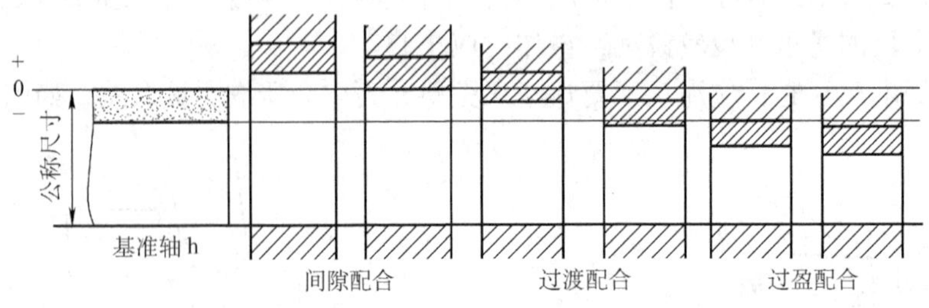

图 1-54　基轴制

2. 基准制的选用

基准制的选择主要是根据机器的功能、结构、加工工艺、装配及经济效益等多种因素综合考虑，一般情况下优先选用基孔制配合。因为孔通过定位刀具（如钻头、铰刀、拉刀等）加工，用极限量规检测，所以选用基孔制可以减少孔用刀具的品种和规格，降低加工成本，利于实现刀具和量具的标准化和系列化。

在有些情况下需要选择基轴制配合。例如，同一公称尺寸的轴上需要装配几个不同配合的零件时，选择基轴制配合有利于加工和装配。

3. 配合的选用

配合的选用要根据使用要求，一般有计算法、试验法和类比法三种方法，因计算法和试验法比较复杂，目前应用广泛的是类比法。

二、公差等级的选用

公差等级的高低直接影响机器性能和加工成本，一般情况下在满足机器性能和使用要求的前提下，尽可能选用较低的公差等级；公差等级的选用还要遵守国家标准中对孔、轴配合的有关规定。

在生产实践中往往依据所选用的公差等级来确定加工方法，各种加工方法所能达到的公差等级见表 1-1。

表 1-1　各种加工方法所能达到的公差等级

加工方法	公差等级																			
	01	0	1	2	3	4	5	6	7	8	9	10	11	12	13	14	15	16	17	18
研磨	○	○	○	○	○	○	○													
珩						○	○	○	○											
圆磨							○	○	○	○										
平磨							○	○	○	○										
金刚石车							○	○	○											
金刚石镗							○	○	○											
拉削							○	○	○	○										
铰孔									○	○	○	○								
车									○	○	○	○	○							
镗									○	○	○	○	○							
铣									○	○	○	○	○							
刨、插												○	○							
钻												○	○	○	○					
滚压、挤压												○	○							
冲压												○	○	○	○	○				
压铸													○	○	○	○				
粉末冶金成型								○	○	○										
粉末冶金烧结									○	○	○	○								
砂型铸造、气割																		○	○	○
锻造																	○	○		

测量实践课题三　游标万能角度尺测量基本技能

一、训练目标

1）了解游标万能角度尺的结构。

2）了解游标万能角度尺的刻线原理和读数方法。

3）掌握游标万能角度尺的使用方法。

4）能对典型工件进行测量。

二、相关知识

1. 游标万能角度尺的结构

游标万能角度尺是一种结构简单的通用量具，可用来测量工件及样板的内、外角度，如图 1-55 所示。游标万能角度尺的结构如图 1-56 所示。

图 1-55　游标万能角度尺
1—尺身　2—制动器　3—游标
4—卡块　5—直角尺　6—直尺　7—基尺

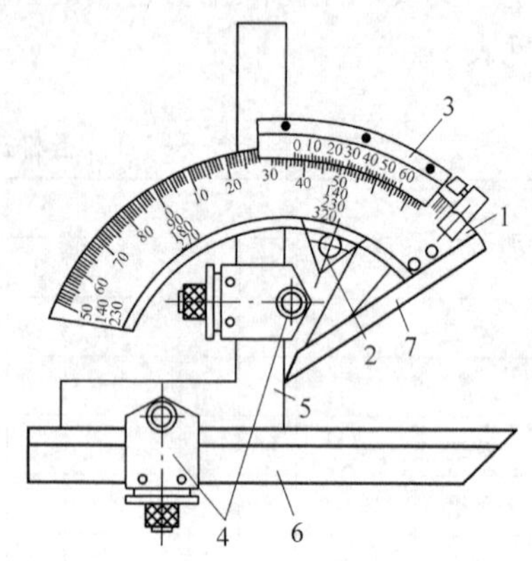

图 1-56　游标万能角度尺的结构
1—尺身　2—制动器　3—游标
4—卡块　5—直角尺　6—直尺　7—基尺

2. 游标万能角度尺的刻线原理

游标万能角度尺的分度值有 5′和 2′两种，下面主要介绍测量精度为 2′的游标万能角度尺的刻线原理。尺身刻线每格为 1°，游标刻线是将尺身上 29°所占的弧长等分为 30 格，每格所对应的角度为$\left(\frac{29}{30}\right)^{\circ}$，因此，游标 1 格与尺身 1 格相差 $1^{\circ}-\left(\frac{29}{30}\right)^{\circ}=\left(\frac{1}{30}\right)^{\circ}=2'$，即游标万能角度尺的分度值为 2′，如图 1-57 所示。

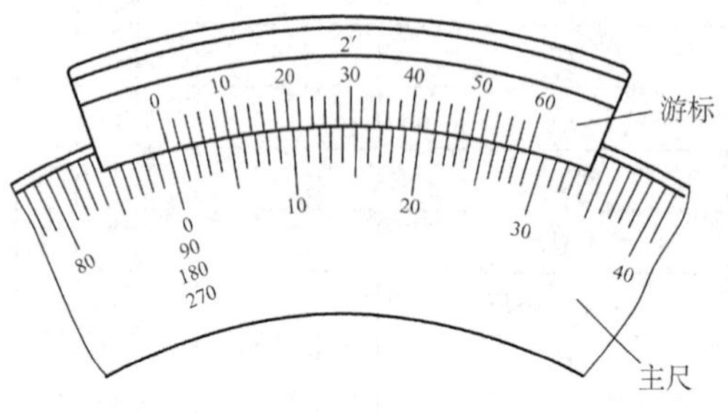

图 1-57　游标万能角度尺的刻线原理

3. 读数方法

游标万能角度尺的读数方法和游标卡尺相似，即先从尺身上读出游标零刻线指示的整度数（见图 1-58a），再判断游标上第几格的刻线与尺身刻线对齐，从而确定“分”的数值（见图 1-58b），然后两者相加，就是被测角度的数值。

图 1-58a 所示游标万能角度尺的读数方法如下：

第一步：游标零线在 69°后面，因此角度的整数值为 69°。

第二步：游标刻线上 40 后面第一条刻线与主尺刻线对齐，即角度小数值为 42′。

第三步：求和，69° + 42′ = 69°42′，即为测量结果。

图 1-58b 所示游标万能角度尺的读数方法如下：

第一步：游标零线在 34°后面，即角度的整数值为 34°。

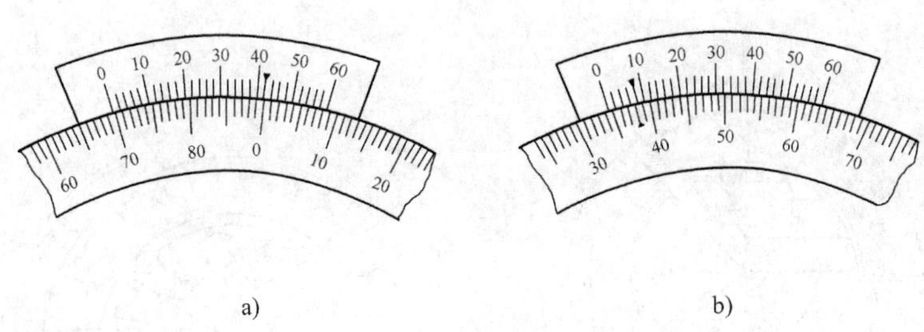

图 1-58　读数方法

第二步：游标刻线上 10 前面的刻线与主尺刻线对齐，即角度小数为 8′。

第三步：求和，34° + 8′ = 34°8′，即为测量结果。

4. 游标万能角度尺的使用方法

由于角尺和直尺可以移动和拆换，因此游标万能角度尺可以测量 0° ~ 320°之间的任何角度。

1）测量 0° ~ 50°之间的角度，如图 1-59 所示。

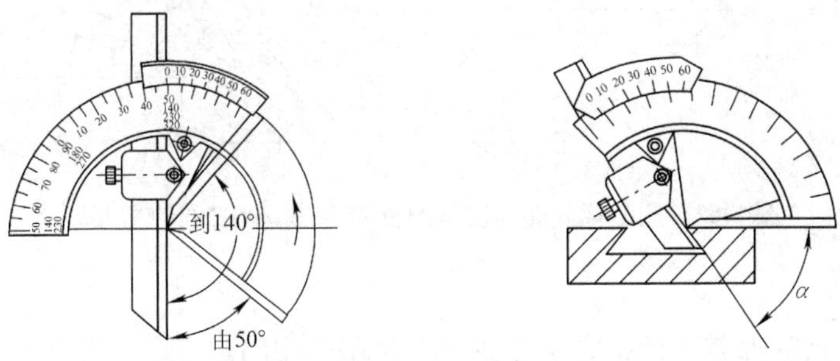

图 1-59　用游标万能角度尺测量 0° ~ 50°之间的角度

2）测量 50° ~ 140°之间的角度，如图 1-60 所示。

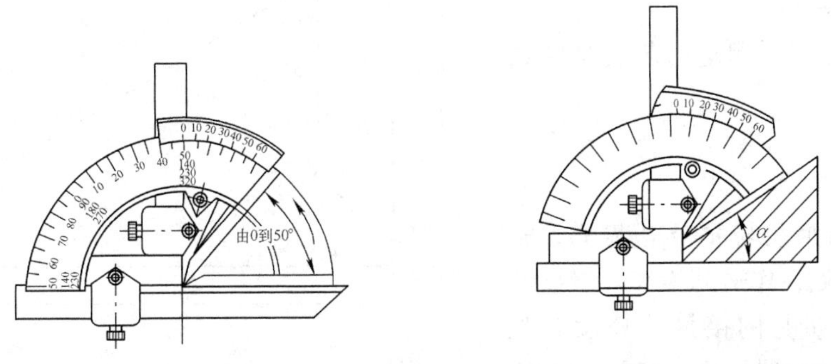

图 1-60　用游标万能角度尺测量 50° ~ 140°之间的角度

3）测量 140° ~ 230°之间的角度，如图 1-61 所示。

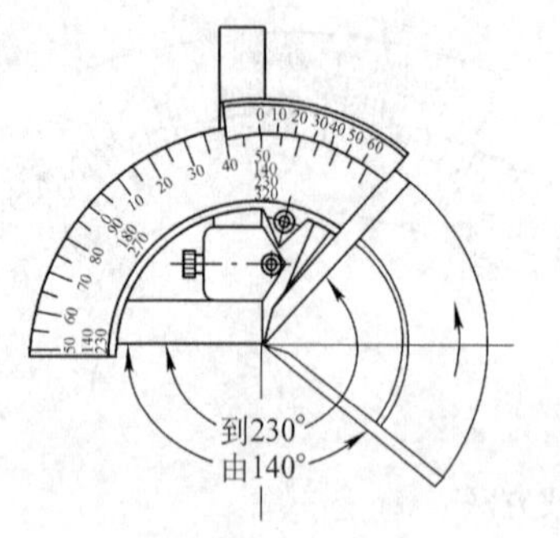

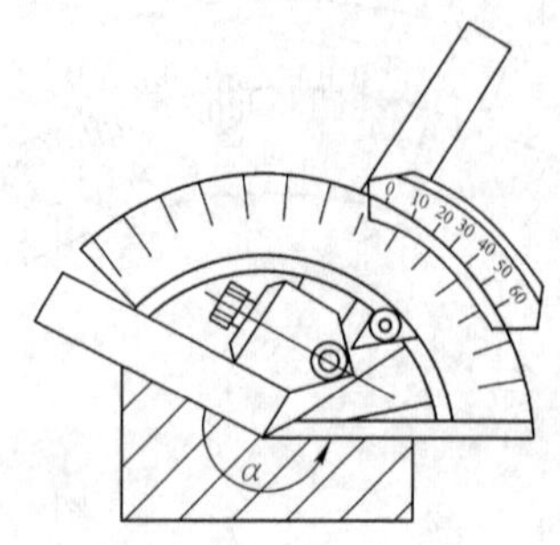

图 1-61　用游标万能角度尺测量 140° ~230°之间的角度

4）测量 230° ~320°之间的角度，如图 1-62 所示。

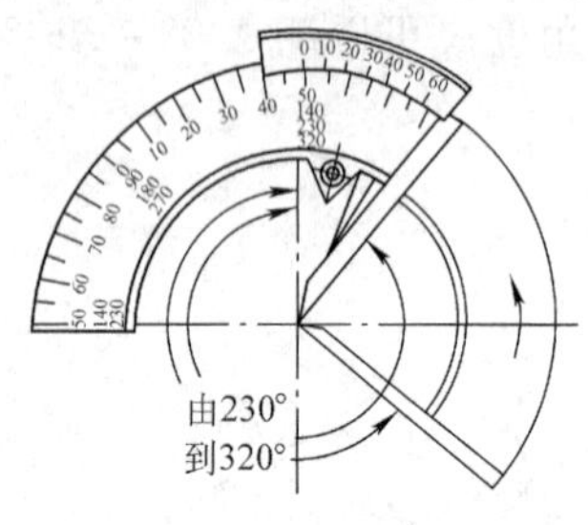

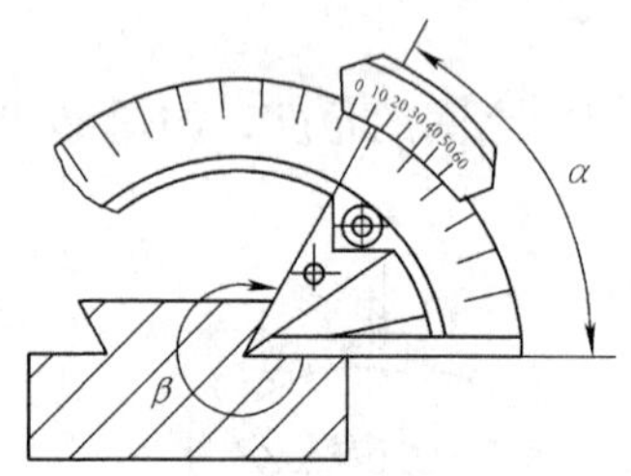

图 1-62　用游标万能角度尺测量 230° ~320°之间的角度

5. 保养与维护

游标万能角度尺的保养与维护方法与游标卡尺基本相同。

三、综合练习：异形件的测量

1. 工件图样

测量图 1-63 所示异形件上标记的角度 α、β、γ、δ。

2. 测量方法

1）首先确定所测量的角度是钝角还是锐角。

2）测量角度 α 时，将基尺靠在工件的 a、b 边并贴齐。

3）调整可换尺与 a、f 边靠齐，略紧，面向光亮处，作透光检查。继续调整，至工件与量具的接触部分没有光缝，只有均匀光隙时停止，如图 1-64 所示。

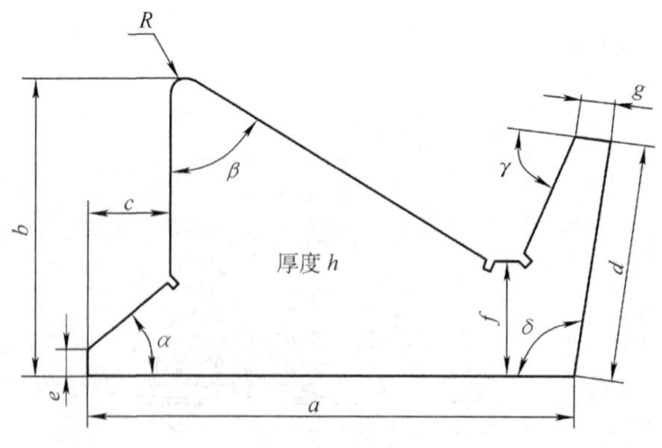

图 1-63　异形件

4）锁上紧固器，再作一次复查，读出测量值，并作记录。

5）测量角度 δ 时，将基尺靠在工件的 a 边并贴齐。调整可换尺与 d 边靠齐，略紧，面向光亮处，作透光检查，继续调整，至工件与量具的接触部分没有光缝，只有均匀光隙时停止，如图 1-65 所示。

图 1-64　α 角的测量

图 1-65　δ 角的测量

6）测量角度 γ 时，将基尺靠在工件的 g 边并贴齐。调整可换尺与形成 γ 角的斜边靠齐，略紧，面向光亮处，作透光检查。继续调整，至工件与量具的接触部分没有光缝，只有均匀光隙时停止，如图 1-66 所示。读出量值，所测角为 γ 角的补角，经过计算即可得到 γ 角的具体数值。

图 1-66　γ 角的测量

3. 注意事项

1）每次测量前，要先擦去工件与量具上的污物与灰尘。

2）量具的测量面与工件被测量面靠紧贴齐，量具要垂直于工件的被测量面。

3）每次测量前，要先明确被测角是锐角还是钝角，只有这样，后面才能进行正确读数。

4. 思考题

1）填写图 1-67 所示没有标出来的角度。

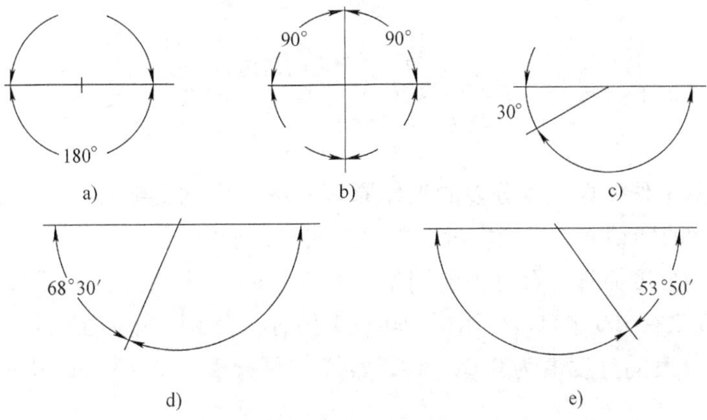

图 1-67　角度计算

2）使用万能角度尺时应注意的问题有哪些？

测量实践课题四 指示表测量基本技能

一、训练目标

1. 了解指示表的结构。

2. 了解指示表的分类和主要用途。

3. 掌握指示表的读数方法和使用方法。

4. 能对典型工件进行测量。

二、相关知识

指示表是一种应用最多的通用量具，它具有使用简单、制造维修方便，测量范围较大，不仅能用于比较测量，也能用于绝对测量等优点，如图 1-68 所示。但由于齿轮的传动间隙和齿轮的磨损及齿轮本身的误差，所以不易用于测量精度要求很高的零件。

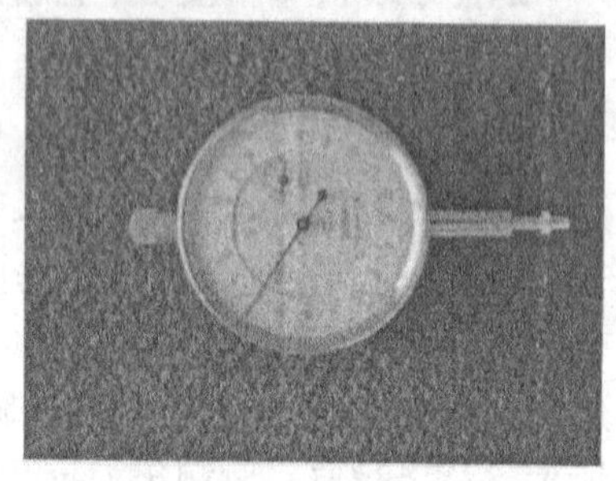

图 1-68 百分表

1. 分度值为 0.01mm 的指示表

分度值为 0.01mm 的指示表也称为百分表。

（1）百分表的结构 百分表的结构如图 1-69 所示。

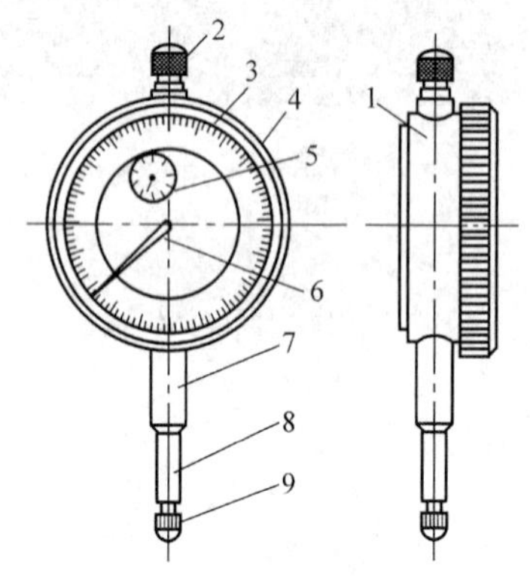

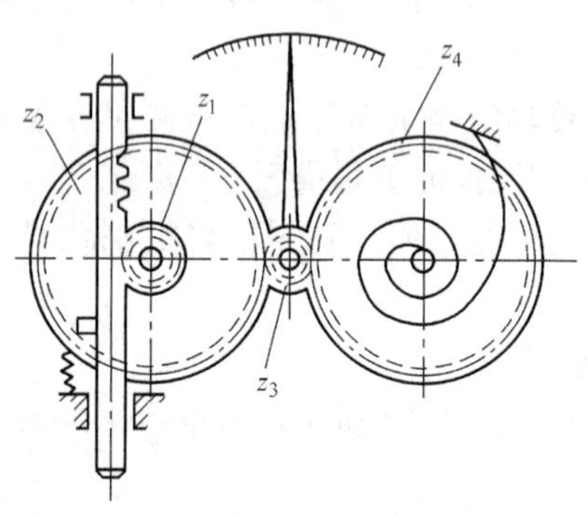

图 1-69 百分表的结构

1—表体 2—挡帽 3—表盘 4—表圈 5—指示盘 6—大指针 7—套筒 8—测量杆 9—测量头

（2）百分表的工作原理 百分表的工作原理是将测杆的直线移动，经过齿轮齿条传动放大，转变为指针的转动，并在刻度盘上指示出相应的示值。

（3）百分表的分度原理 百分表的测量杆移动 1mm，大指针正好回转一圈，而在百分表的表盘上沿圆周刻有 100 个刻度，当指针转过 1 格时，表示所测量的尺寸变化为 1mm/100 = 0.01mm，所以百分表的分度值为 0.01mm ，常用的百分表有 0 ~ 3mm、0 ~ 5mm、0 ~ 10mm 三种。

（4）百分表的使用方法 使用百分表时，应将其装在专用表架上，表架应在平整位置上。百分表在表架上可上、下、前、后调整，并可调整角度。

1）使用前，应检查测量杆活动的灵活性。即轻轻推动测量杆时，测量杆在套筒内的移动要灵活，没有任何轧、卡现象，且每次放松后，指针能回复到原来的刻度位置。

2）使用百分表时，必须把它固定在可靠的夹持架上，如固定在万能表架或磁性表座上，如图1-70所示，夹持架要安放平稳，避免使测量结果不准确或摔坏百分表。

用夹持百分表的套筒来固定百分表时，夹紧力不要过大，以免因套筒变形而使测量杆活动不灵活。

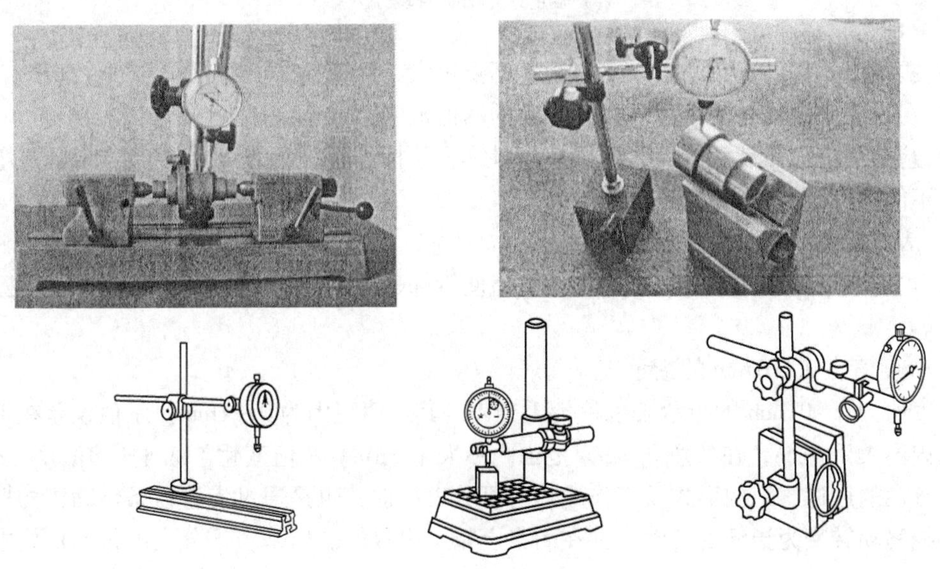

图1-70　百分表的使用方法

3）用百分表测量零件时，测量杆必须垂直于被测量表面，如图1-71所示，即要使测量杆的轴线与被测量尺寸的方向一致，否则将使测量杆活动不灵活或使测量结果不准确。

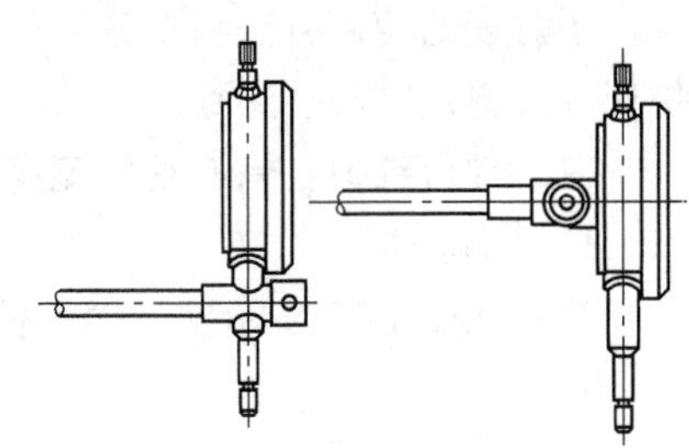

图1-71　百分表的安装方法

4）测量时，不要使测量杆的行程超过它的测量范围；不要使测量头突然撞在零件上；不要使百分表受到剧烈的振动和撞击；也不要把零件强行推到测量头下面，以免损坏百分表的机件而失去精度。因此，用百分表测量表面粗糙或有显著凹凸不平的零件是错误的。

5）用百分表校正或测量零件时，应当使测量杆有一定的初始测力，如图1-72所示。即当测量头与零件表面接触时，测量杆应有0.3～1mm的压缩量使指针转过半圈左右，然后转动表圈，使表盘的零位刻线对准指针。轻轻地拉动手提测量杆的圆头，拉起和松开几次，检查指针所指的零位有无改变。当指针的零位稳定后，再开始测量或校正零件的工作。如果是校正零件，此时开始改变零件的相对位置，读出指针的偏摆值，就是零件安装的偏差数值。

（5）百分表的维护保养

1）测量前，检查表盘和指针有无松动现象，检查指针的转动是否平稳。

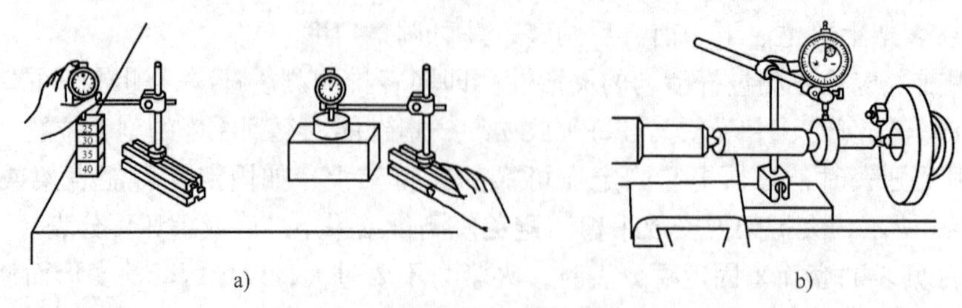

图 1-72　百分表的校正与检验方法
a）校正方法　b）检验方法

2）提压测量杆的次数不要过多，距离不要过大，以免损坏机件及加剧零件磨损。

3）测量时，测量杆的行程不要超过它的示值范围，以免损坏表内零件。

4）应避免剧烈振动和碰撞，不要使测量头突然撞击在被测表面上，以防测量杆弯曲变形，更不能敲打表的任何部位。

5）表架要放稳，以免百分表落地摔坏。

6）严防水、油、灰尘进入表内，不要随便拆卸表的后盖，指示表使用完毕，要擦净放回盒内。

2. 分度值为 0.001mm 的指示表

分度值为 0.001mm 的指示表也称为千分表，其示值范围为 0 ~ 1mm。示值误差在工作行程范围内不大于 5μm，在任意 0.2mm 范围内不大于 3μm。示值变化不大于 0.3μm。

千分表的用途、结构形式及工作原理与百分表相似，也是通过齿轮齿条传动机构把测量杆的直线移动转变为指针的转动，并在表盘上指示出数值。但是，千分表的传动机构中齿轮传动的级数要比百分表多，因而放大的倍数更大，分度值更小，测量精度也更高，可用于较高精度的测量。

千分表的使用方法与百分表相同。由于千分表的精度高，测量范围小，所以其使用和维护保养应更加精心、细致。

三、综合练习：偏心轴的测量

1. 工件图样

测量如图 1-73 所示偏心轴的偏心距。

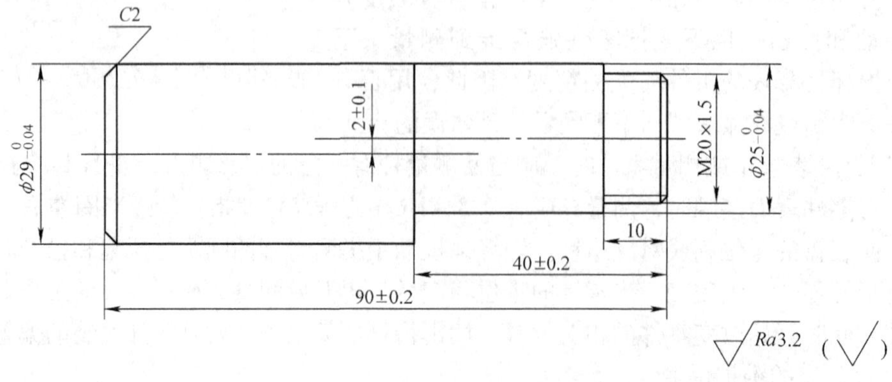

图 1-73　偏心轴

2. 测量方法

1）测量时，将 V 形架放在测量平台上，并把工件安放在 V 形架中，如图 1-74 所示。

2）转动偏心轴，用百分表测量出偏心轴的最高点，然后将工件固定。

3）将百分表水平移动，测出偏心轴外圆到基准圆外圆之间的距离 a。

4）用千分尺测量出基准轴直径和偏心轴直径的实际尺寸。

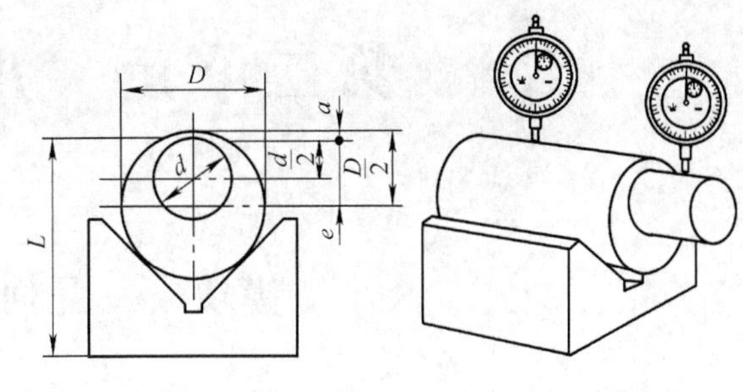

图 1-74　偏心轴的测量方法

5）计算偏心轴距 e，即

$$e = D/2 - d/2 - a$$

式中　D——基准轴的直径（mm）；

d——偏心轴的直径（mm）；

a——基准轴外圆到偏心轴外圆之间的最小距离（mm）。

3. 注意事项

1）百分表使用前应先把表头、测杆、测头和套筒进行牢固的组合，并校正零位。

2）测量时，应使测量杆垂直于零件被测表面，且测量杆的中心线要通过被测圆柱面的轴线，否则会产生测量误差。

3）测量头开始与被测表面接触时，测量杆应压缩 0.3 ~ 1mm，以保持一定的初始测量力，以免有负偏差时得不到测量数据。

4）测量时应轻提测量杆，移动工件至测量头下面（或将测量头移至工件上），再缓慢放下并与被测表面接触。不能快速放下测量杆，否则易造成测量误差。

5）不准将工件强行推到测量头下面，以免损坏量仪。

4. 思考题

1）分析测量偏心距时，容易产生测量误差的因素有哪些？

2）使用百分表测量应注意哪些问题？

第二单元　几何公差

模块一　几何公差概述

几何公差对零件的使用功能影响很大。为了保证互换性和工作精度等要求，不仅要控制尺寸公差和表面粗糙度，还必须控制零件的几何公差。

一、基本概念和基本术语

几何公差的研究对象是构成零件的点、线、面，统称为几何要素，简称要素。要素按几何特征可分为轮廓要素与中心要素；按存在状态可分为理想要素与实际要素；按形位公差中所处的地位可分为被测要素与基准要素。

1. 轮廓要素与中心要素

（1）轮廓要素　轮廓要素是指构成零件外形的可直接感受的点、线、面。如图 2-1 所示的素线、圆柱面、圆锥面、平面、球面等都是轮廓要素。

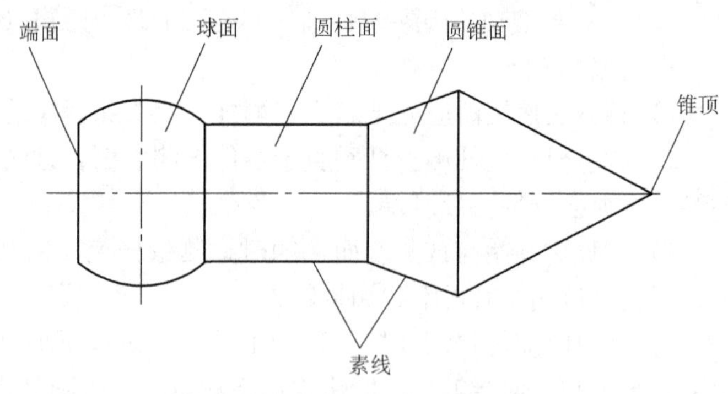

图 2-1　轮廓要素

（2）中心要素　轮廓要素对称中心所示的点、线、面是中心要素。如图 2-2 所示的圆心、球心、轴线、中心线、中心面等要素统称为中心要素。

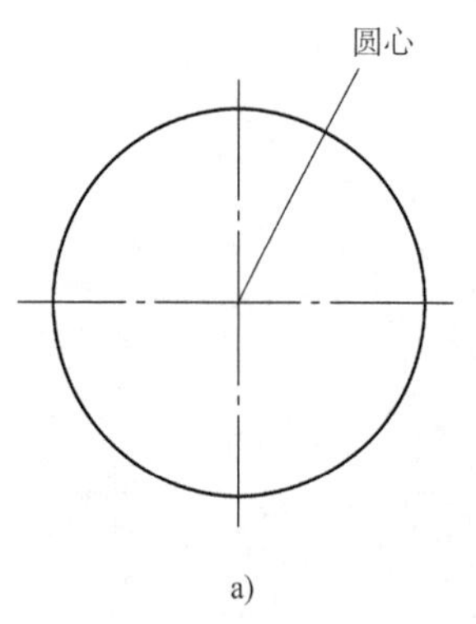

a)

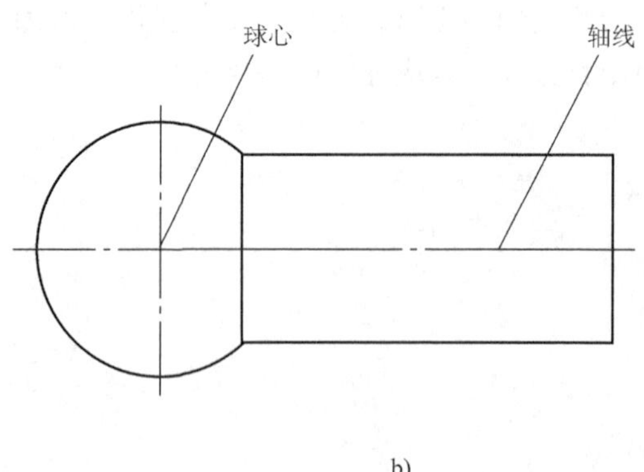

b)

图 2-2　中心要素

2. 理想要素与实际要素

（1）理想要素　理想要素是指具有几何意义的要素，即设计时在图样上给出的要素。

（2）实际要素　实际要素是指零件在加工后实际存在的要素，通常由测得要素来代替。由于存在测量误差，测得要素并不能非常准确地反映实际要素的真实情况。

3. 被测要素与基准要素

（1）被测要素　根据零件的功能要求，某些要素需要给出几何公差，加工中要对其几何公差进行控制，加工后要进行检测，以判断其误差是否在公差范围内。这些给出了几何公差的要素称为被测要素。如图2-3所示ϕd_1圆柱的圆柱面和台阶面、ϕd_2圆柱的轴线等都给出了几何公差要求，因此都是被测要素。

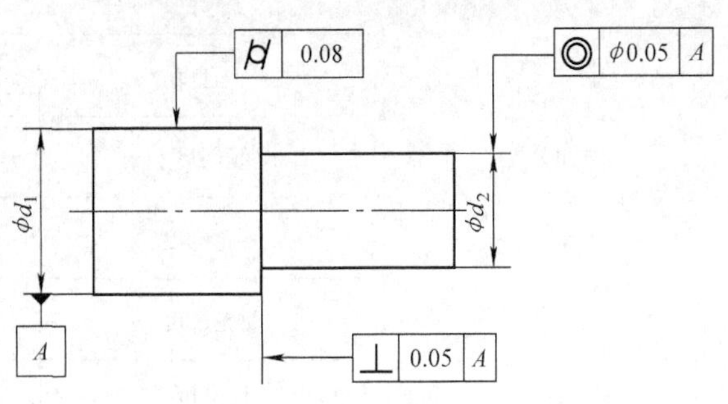

图2-3　零件几何要素示例

被测要素按功能关系可分为单一要素和关联要素两种。

1）单一要素：在图样上仅对其本身给出了几何公差要求的要素称为单一要素，此要素与零件上的其他要素无功能关系。如图2-3所示ϕd_1圆柱的圆柱面为被测要素，给出了圆柱度公差要求，但与零件上其他要素无相对位置要求，因此该要素是单一要素。

2）关联要素：与零件上其他要素有功能关系的要素称为关联要素。在图样上对关联要素均给出位置公差要求。如图2-3所示ϕd_2圆柱的轴线相对于ϕd_1圆柱的轴线有同轴的功能要求，ϕd_1圆柱的台阶面对ϕd_1圆柱的轴线有垂直的功能要求，因此ϕd_2圆柱的轴线和ϕd_1圆柱的台阶面均为被测关联要素。

（2）基准要素　用来确定被测要素方向或（和）位置的要素称为基准要素。理想基准要素简称为基准。前面讲过图样上的点、线、面均为理想要素，因而图样上的基准要素是理想基准要素，在图样上用基准符号表示。在图2-3中标有基准符号的ϕd_1圆柱的轴线用来确定ϕd_1圆柱台阶面的方向和ϕd_2圆柱轴线的位置，因此实际零件中的ϕd_1圆柱的轴线是基准要素，图样上表示的ϕd_1圆柱的轴线是理想基准要素（即基准）。基准要素可分为两种：一种是单一基准要素，是指作为单一基准使用的单个要素，即用一个要素作一个基准；另外一种是组合基准要素，是指作为单一基准使用的一组要素，即用多个要素作为一个基准，如用两个圆柱的轴线组合成一条公共轴线作为一个基准等。

二、几何公差的特征项目和符号

几何公差的特征项目和符号见表2-1。

表2-1　几何公差的特征项目和符号

公差	特征项目	符号	有或无基准要求
形状公差	直线度	—	无
	平面度	▱	无
	圆度	○	无
	圆柱度	⌭	无
	线轮廓度	⌒	无
	面轮廓度	⌓	无

（续）

公差	特征项目	符号	有或无基准要求
方向公差	平行度	//	有
	垂直度	⊥	有
	倾斜度	∠	有
	线轮廓度	⌒	有
	面轮廓度	⌓	有
位置公差	位置度	⌖	有或无
	同轴（同心）度	◎	有
	对称度	⌯	有
	线轮廓度	⌒	有
	面轮廓度	⌓	有
跳动公差	圆跳动	↗	有
	全跳动	⌰	有

三、几何公差的识读方法

1. 公差框格

如图 2-4 所示，几何公差的要求在框格中给出。形状公差的框格分为两小格，左边第一小格内标注的是符号，第二小格内标注的是公差值。方向、位置、跳动公差的框格一般分为三小格或多个小格，左边第一小格内标注的是公差符号，第二小格内标注的是公差值，第三小格内标注的是基准代号。

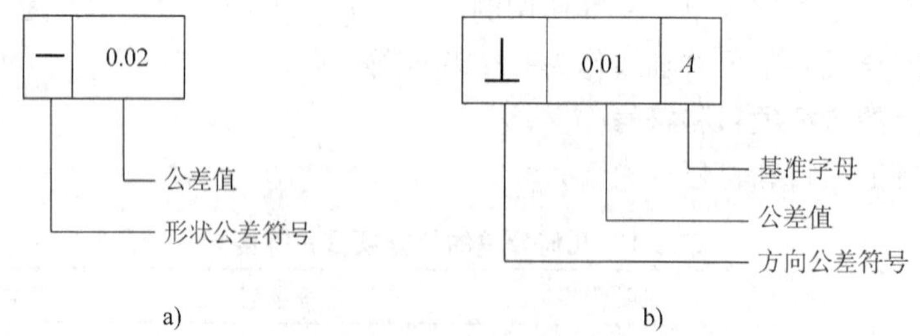

图 2-4　几何公差框格

a）形状公差　b）方向公差

2. 被测要素

用带箭头的指引线将框格与被测要素相连。除有明确规定外，公差带的宽度方向就是给出的方向或垂直于被测要素的方向。

当公差涉及轮廓线或表面时，将箭头置于要素的轮廓线或轮廓线的延长线上，并与尺寸线明显分开，如图 2-5 所示。

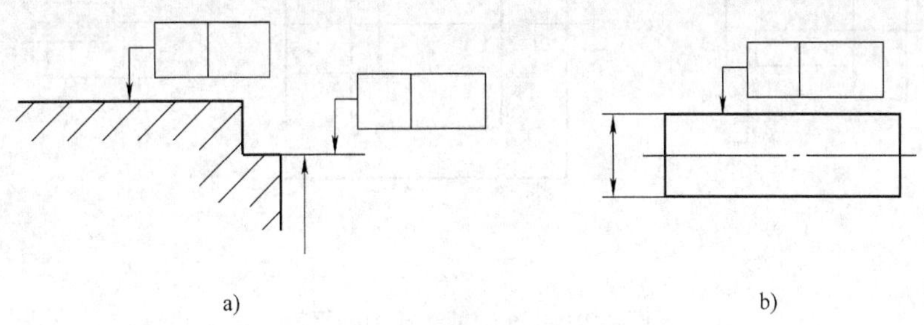

图 2-5　被测要素是轮廓线或表面

当公差涉及轴线、中心平面或由尺寸要素确定的点时，则带箭头的指引线应与尺寸线的延长线重合，如图 2-6 所示。

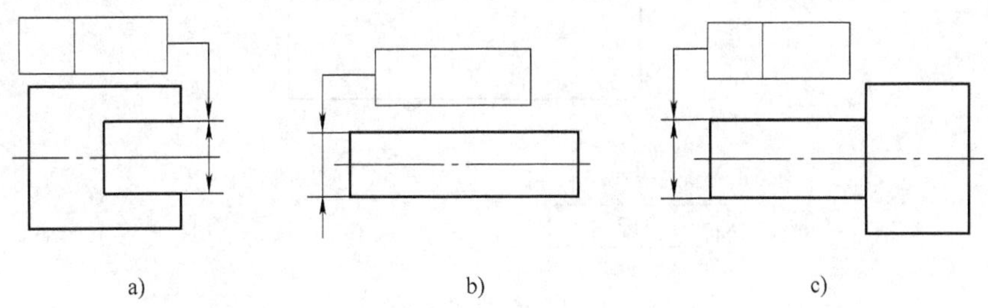

图 2-6　被测要素为轴线或中心平面

3. 基准

被测要素的位置公差总是相对于某一基准要素而定的。基准符号如图 2-7 所示。

当基准要素是轮廓线或表面时，基准应置于被测要素的外轮廓线或外轮廓线的延长线上，并应与尺寸线明显分开，如图 2-8 所示。

图 2-7　基准符号

图 2-8　基准注法

当基准要素是轴线或中心平面时，则基准符号中的细实线与尺寸线对齐，如图 2-9 所示。

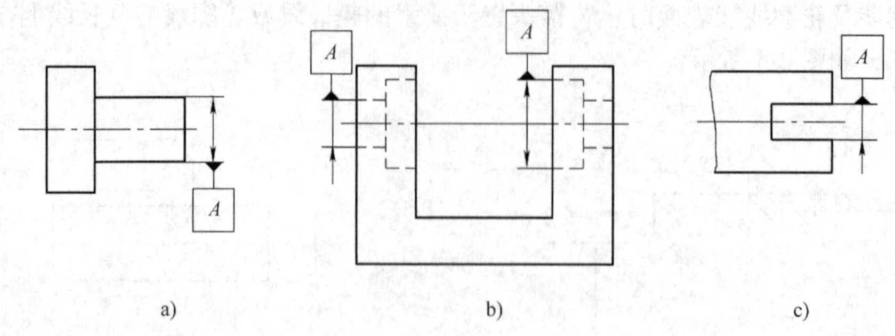

图 2-9 基准是轴线或中心平面

几何公差有时可采用任选基准（或互选基准），其标注方法如图 2-10 所示。

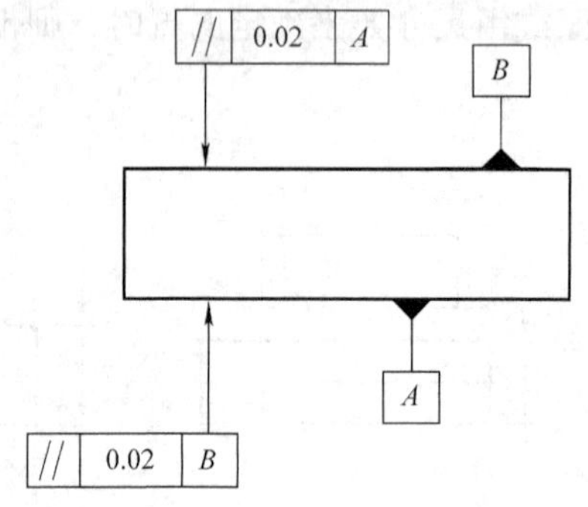

图 2-10 任选基准

测量实践课题一 平面度检测基本技能

一、训练目标

1）加深对平面度定义的理解。

2）掌握平面度的检验方法。

3）能对典型工件进行测量。

二、相关知识

生产中平面度误差的检测方法很多，对于平面要求很高的小平面，可用干涉法检测；对于大平面，特别是刮削平面，在生产现场多用涂色法进行检测；锉削较小平面时，通常采用刀口形直尺检测；对于一般平面，则广泛应用打表法和水平仪方法检测。这里仅介绍用刀口形直尺和打表法检测平面度误差的方法。

（1）用刀口形直尺检查平面度的方法 锉削工件时，由于锉削平面较小，其平面度通常都采用刀口形直尺通过透光法来检测，如图 2-11 所示。检测时，刀口形直尺应垂直放在工件表面上，如图 2-11a 所示，并在加工面的纵向、横向、对角方向多处逐一进行，如图 2-11b所示。如果刀口形直尺与工件平面间的透光微弱而均匀，说明该平面是平直的；如果透光强弱不一，说明该平面是不平的。用塞尺作塞入检查，可确定平面度误差值。对于中凹平面，取各检测部位中的最大值；对于中凸平面，则应在两边以厚度相同的塞尺作塞入检查，并取各检查部位中的最大值，如图 2-11c 所示。

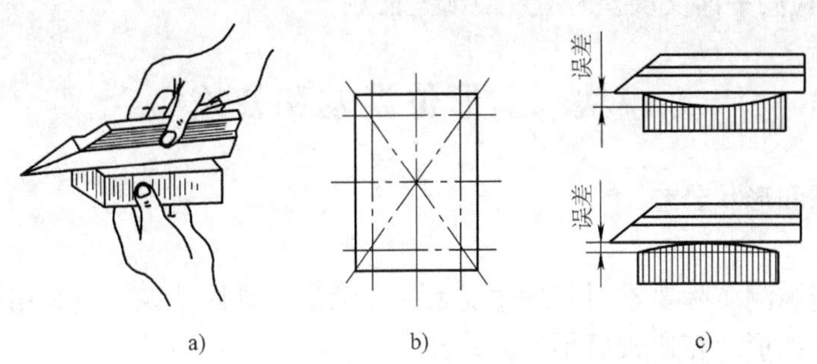

图 2-11　用刀口形直尺检测平面度

在检查平面上改变刀口形直尺的位置时，不能在平面上拖动，应提起后再轻放到另一检查位置，否则刀口形直尺的边容易磨损而降低其精度。

（2）打表法

1）如图 2-12 所示，将被测工件支承在平板上，并调整至大致与平板平行。

2）以平板作为基面，将指示表放在被测表面某一点并调零。

3）使指示表的表头在被测表面来回移动，观察表的变动量，其最大值与最小值之差即为所求的平面度误差值。

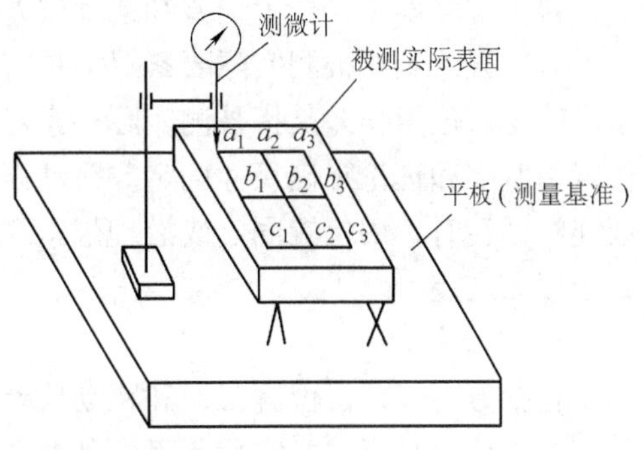

图 2-12　平面度误差的检测

三、综合练习：箱体平面度的检测

1. 工件图样

用打表法测量如图 2-13 所示箱体的平面度。

2. 测量步骤

1）平面上沿纵横方向画好网格，网格密度根据被测平面大小而定，四周离边缘约 10 ~ 20mm。

2）将工件支承在平板上，调整被测平面上的相应点等高，指示表压缩 1 ~2 圈并指零。

3）移动千分表架，取各点读数记录。

4）评定平面度误差值，并作合格性判断。

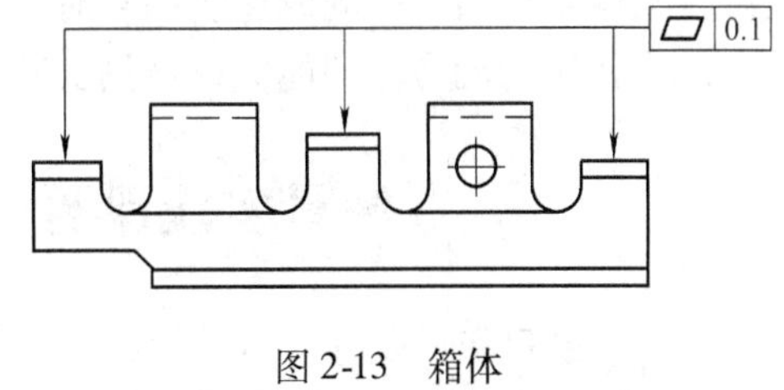

图 2-13　箱体

3. 注意事项

1）使用指示表前，必须先把表头测杆、测头和套筒进行牢固的组合并校正为零。

2）指示表测杆与被测工件表面必须垂直，否则会产生误差。

3）用指示表测量时，不要使测量头突然撞击在被测表面上，以防测量杆弯曲、变形。

4）被测量件不能有毛刺，注意测量温度的变化。

4. 思考题

1）平面度误差的评定方法有哪些？

2）用打表法检测平面度误差时应注意哪些问题？

模块二　形位误差和公差

一、形状误差和形状公差

1. 形状误差

形状误差是指被测实际要素对其理想要素的变动量。具体地说，就是用被测实际要素的形状与其理想要素的形状相比较后得到的差异。

2. 形状公差

形状公差是指单一要素的形状所允许的变动量。具体地说，就是被测实际要素在形状上相对于理想要素允许的变动范围。

二、其他误差和公差

1. 其他误差

包括方向误差、位置误差和跳动误差。

方向误差是指被测实际要素对一具有确定方向的理想要素的变动量，理想要素的方向由基准确定。位置误差是指被测实际要素对一具有确定位置的理想要素的变动量，理想要素的位置由基准和理论正确尺寸确定。跳动误差是指被测要素绕基准轴线无轴向移动地回转一周或连续回转时，由位置固定或沿理想素线连续移动的指示器在给定方向上测得的最大读数与最小读数之差。

2. 其他公差

包括方向公差、位置公差和跳动公差。

方向公差是指关联实际要素对基准在方向上允许的变动全量，用于控制方向误差，以保证被测实际要素相对于基准的方向精度。位置公差是指关联实际要素对基准在位置上允许的变动全量，用于控制误差，以保证被测实际要素相对于基准的位置精度。跳动公差是指关联实际要素绕基准回转一周或连续回转时所允许的最大跳动量，用于控制跳动误差。跳动公差具有综合控制的能力，即能保证被测实际要素的形状和位置两方面的综合精度。

测量实践课题二　圆度检测基本技能

一、训练目标

1）掌握圆度误差的检测方法。

2）能对典型工件进行圆度测量。

二、相关知识

圆度是指圆柱体任一截面上的圆和过球心的圆加工后实际形状所允许的变动量。

1. 圆度公差

圆度公差是限制实际圆对其理想圆变动差的一项指标，用于对回转面在任一截面上的圆轮廓提出形状精度的要求，是在同一正截面上，半径差为公差值 t 的两同心圆之间的区域，如图 2-14 所示。圆锥面要求圆度，其公差值是 0.02mm。公差带的形状是两同心圆，它形成环形平面，实际圆上各点应位于公差带内。

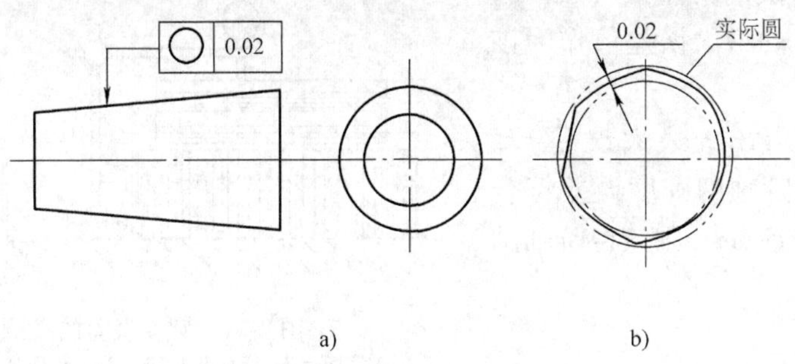

图 2-14 圆度公差带
a）标注 b）公差带

2. 圆度误差的检测

圆度误差的检测方法主要有仪器检测法和指示器检测法两种。这里仅介绍指示器检测法。

用指示器检测圆度误差，是将被测零件放在支架上，用指示器来测量实际圆各点对固定点的变化量，如图 2-15 所示。零件回转一圈，指示器读数最大差值的一半，可作为该截面圆的圆度误差。测量若干个截面，取其中最大的误差值作为零件的圆度误差，这种方法简便易行。

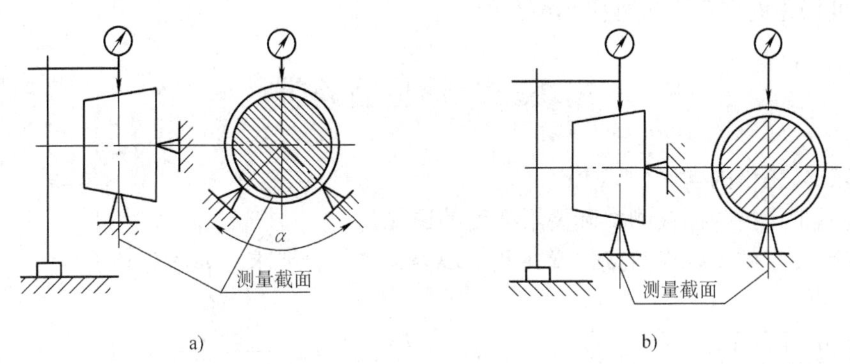

图 2-15 用指示器检测圆度误差
a）用三点法测量圆度误差 b）用二点法测量圆度误差

三、综合练习：阶梯轴圆度的检测

1. 工件图样

测量如图 2-16 所示阶梯轴的圆度误差。

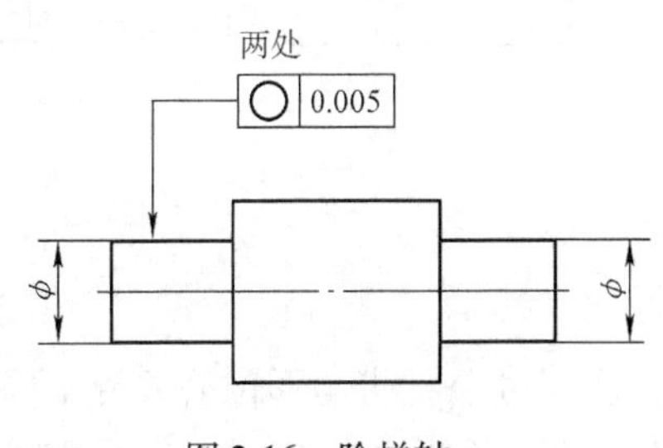

图 2-16 阶梯轴

2. 测量方法

1）将被测零件放置在 V 形架上，如图 2-17 所示。

2）指示表的测量杆必须垂直于测量面，并将指针调零。

3）记录被测零件在回转一周过程中测量截面上各点的半径差，计算该截面的圆度误差。

4）移动指示表，测量若干截面，取截面圆度误差中的最大误差值作为该零件的圆度误差。

5）如果计算得出的最大误差 $f \leqslant 0.005$mm，则该台阶轴的圆度误差符合要求；如果 $f > 0.005$mm，则该台阶轴的圆度误差超差。

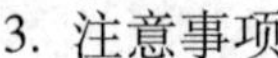

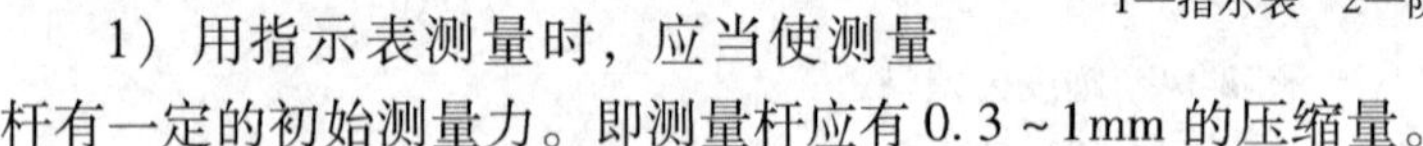

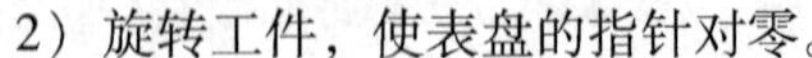

图 2-17　圆度误差的检测方法

1—指示表　2—阶梯轴　3—V 形架　4—平板图

3. 注意事项

1）用指示表测量时，应当使测量杆有一定的初始测量力。即测量杆应有 0.3 ~1mm 的压缩量。

2）旋转工件，使表盘的指针对零。

3）轻轻地拉动手提测量杆的圆头，拉起和轻放几次，检查指针所指的零位有无改变。当指针稳定后，才可进行测量。

4）测量过程中，通过平稳移动磁力表架使指示表水平移动，从而测量多个截面的圆度误差。

5）测量时，不要超出指示表的测程，不要使测试头突然撞击工件，以防损坏指示表。

4. 思考题

1）怎样用打表法检测圆度误差？

2）圆度误差的评定方法有哪几种？

模块三　形位公差带

一、形位公差带的含义

形位公差带是指限制被测实际要素变动的区域。

只有零件要素的实际形状或位置在此区域内，才符合要求，如图 2-18 所示。

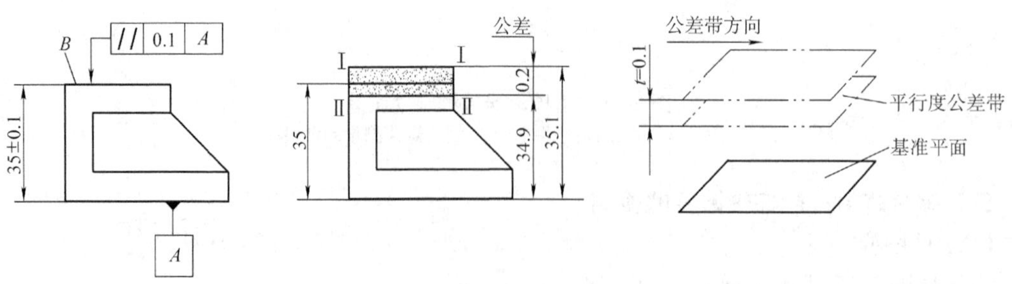

图 2-18　形位公差带

尺寸公差带与形位公差带不同，尺寸公差带通常是平面上某条平行直线所形成的设想限定区域，而形位公差带通常是由被限定要素的几何特征所决定的空间设想的变动区域。

二、形位公差带的组成和应用

1. 形位公差带的组成部分

形位公差带由形状、大小、方向和位置四个部分组成。

（1）形位公差带的形状　形位公差带的形状由被测要素的几何特征和设计要求确定。

如图 2-19 所示均为直线度的标注，但设计要求不同，公差带的形状也不同。图 2-12a 所示的公差带为四棱柱形，而图 2-12b 所示的公差带为圆柱形。

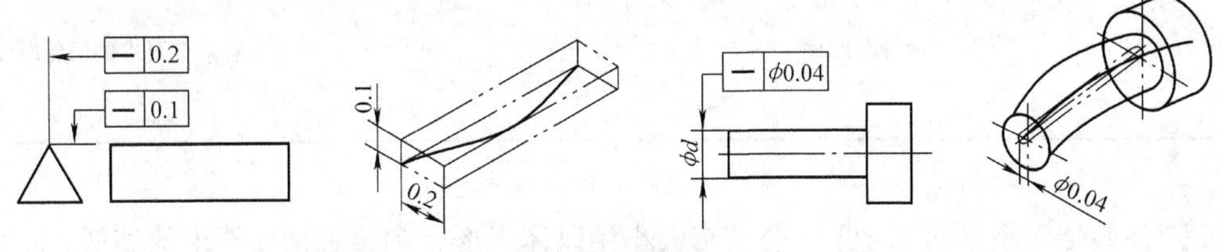

图 2-19　公差带

常用的公差带有 9 种形状，见表 2-2。

表 2-2　常用公差带的形状

序号	公差带	形状	应用项目
1	两平行直线	t	平行度、垂直度、倾斜度、对称度和位置度等
2	两等距曲线	t	有基准要求的线轮廓度
3	两同心圆	t	径向圆跳动
4	一个圆	ϕt	平面内点的位置度、同轴（心）度
5	一个球	$S\phi t$	空间点的位置度
6	一个圆柱	ϕt	平行度、垂直度、倾斜度、同轴度、位置度等
7	两同轴圆柱	t	径向全跳动

（续）

序号	公差带	形状	应用项目
8	两平行平面		平行度、垂直度、倾斜度、对称度、位置度和全跳动等
9	两等距曲面		有基准要求的面轮廓度

（2）公差带大小（公差值）　公差带大小用以体现形状和位置精度要求的高低，是由图样上标出的形位公差值确定的，一般指形位公差带的宽度或直径，如表 2-2 中的 t、ϕt 或 $S\phi t$。

（3）公差带的方向　公差带的方向是指组成公差带的几何要素的延伸方向。

从图样上看，公差带的方向理论上应与图样上公差代号指引线的箭头方向垂直。如图 2-20 所示，平面度公差带的方向为水平方向；如图 2-21 所示，垂直度公差带的方向为铅垂方向。

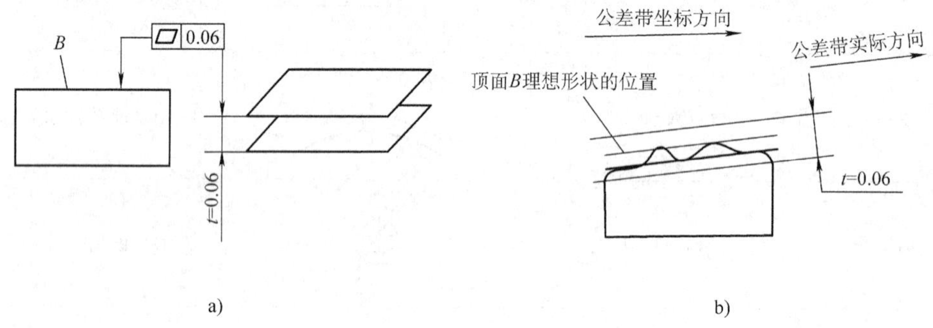

图 2-20　形状公差带的方向

（4）公差带的位置　形位公差带的位置分为浮动和固定两种。所谓浮动是指形位公差带在尺寸公差带内，随实际尺寸的不同而变动，其实际位置与实际尺寸有关，如图 2-22 所示的平行度公差带的两个不同位置。所谓固定是指公差带的位置由图样上给定的基准和理论正确尺寸确定。如图 2-23 所示的同轴度公差带为一圆柱面内的区域，该圆柱面的轴线应和基准在一条直线上，因而其位置由基准确定，此时的理论正确尺寸为零。

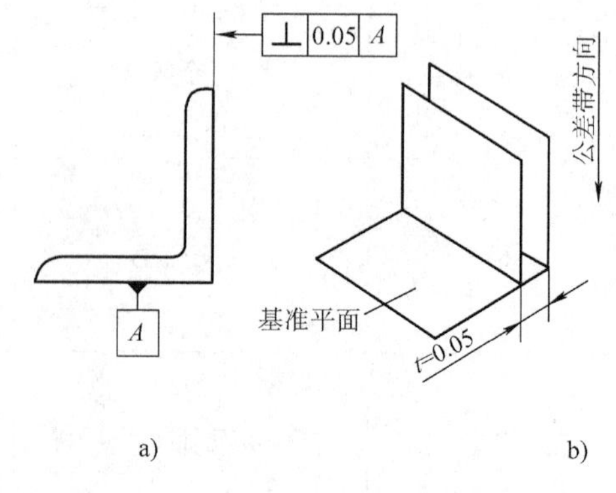

图 2-21　位置公差带的方向

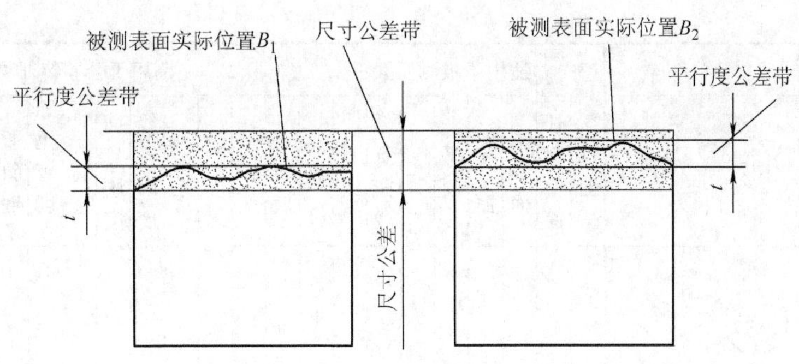

图 2-22　公差带位置的浮动状态

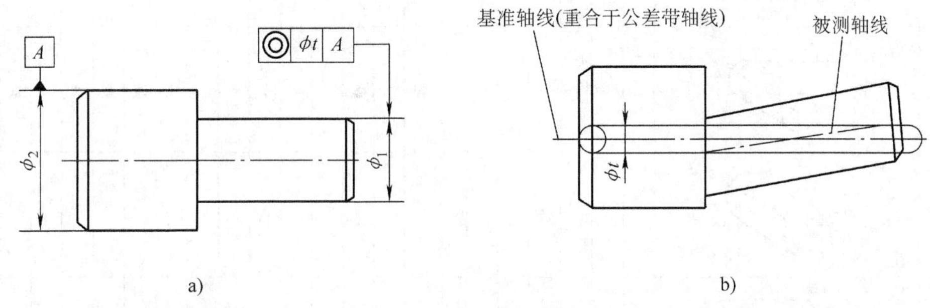

图 2-23　公差带位置的固定状态

在形状公差中，公差带位置均为浮动。在位置公差中，同轴度、对称度和位置度的公差带固定；有基准要求的轮廓度的公差带位置固定；如无特殊要求，其他位置公差的公差带位置浮动。

2. 形位公差带的应用

形位公差带的形状及其应用范围见表 2-3。

表 2-3　形位公差带的形状及其应用范围

公差带		适用于被测要素									用于公差特征项目													
构成要素	图示	球面	任意曲面	圆锥面	圆柱面	平面	圆	任意曲线	直线	点	直线度	平面度	圆度	圆柱度	线轮廓度	面轮廓度	平行度	垂直度	倾斜度	同轴度	对称度	位置度	圆跳动	全跳动
两平行直线									●		▲						▲	▲	▲		▲	▲		
两等距曲线								●							▲									
两同心圆		●		●	●		●						▲										▲	

（续）

公差带		适用于被测要素									用于公差特征项目													
构成要素	图示	球面	任意曲面	圆锥面	圆柱面	平面	圆	任意曲线	直线	点	直线度	平面度	圆度	圆柱度	线轮廓度	面轮廓度	平行度	垂直度	倾斜度	同轴度	对称度	位置度	圆跳动	全跳动
一个圆	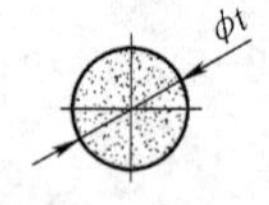									●										▲		▲		
一个球	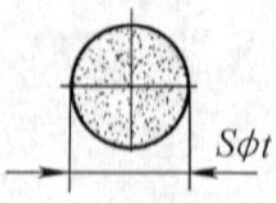									●												▲		
一个圆柱	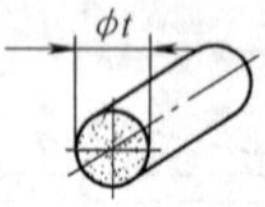								●		▲						▲	▲	▲	▲		▲		
两同轴圆柱	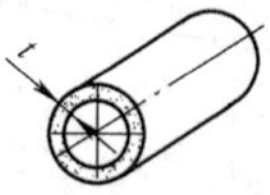				●									▲										▲
两平行平面	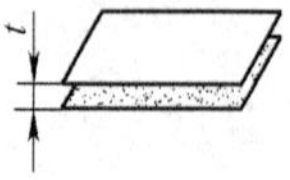					●			●		▲	▲					▲	▲	▲		▲	▲		▲
两等距曲面	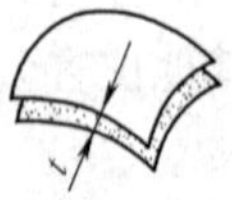		●													▲								

测量实践课题三　平行度检测基本技能

一、训练目标

1）了解平行度公差及其标注方法。

2）掌握平行度误差的检测方法。

3）能对典型工件进行测量。

二、相关知识

平行度是指加工后零件上的面、线或轴线相对于该零件上作为基准的面，线或轴线不平行的程度。如长方形零件上、下两平面不平行；同一平面上的两孔轴线不平行等。

1. 平行度

平行度是限制被测实际要素对基准在平行方向上变动量的一项指标。

2. 平行度的分类

根据被测要素和基准要素的几何特征，可将平行度公差分为线对线、线对面、面对面和面对线四种情况，见表2-4。

表 2-4　平行度的标注和公差带示例

种类	被测要素 基准要素	平行度的标准和公差带图例	含义
线对线	被测要素为上轴线，基准要素为下轴线	线对线平行度的标注和公差带	被测轴线必须位于距离为公差值 0.1mm，且在给定方向上平行于基准轴线的两平行平面之间
	被测要素为上轴线，基准要素为下轴线	互相垂直的两方向上线对线平行度公差带示例	轴线在垂直平面上的平行度公差值是 0.1mm，在水平面上的平行度公差值是 0.2mm，公差带是平行于基准轴线的四棱柱
	被测要素为上轴线，基准要素为下轴线	任意方向上线对线平行度公差带示例	公差带是平行于基准轴线的圆柱体，其直径是 ϕ0.1mm。被测轴线就应位于此圆柱内，方向可任意倾斜
线对面	被测要素为直线，基准要素为平面	线对面平行度公差带示例	被测实际轴线必须位于距离为公差值 0.01mm 且平行于基准平面 *B* 的两平行平面之间

(续)

种类	被测要素 基准要素	平行度的标准和公差带图例	含义
面对线	被测要素为平面，基准要素为轴线	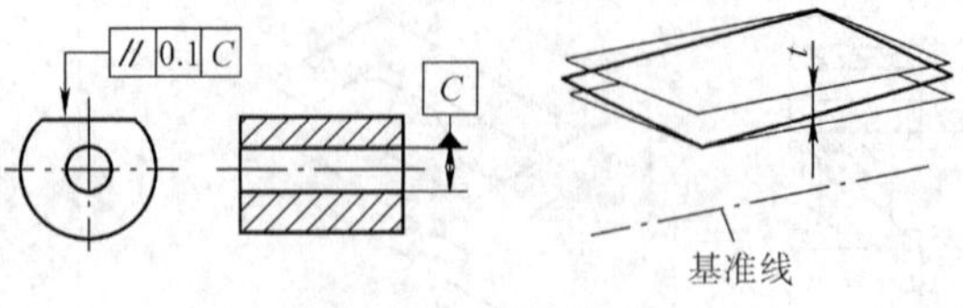 基准线 面对线平行度公差带示例	被测实际表面必须位于距离为公差值 0.1mm 的两平行平面之间
面对面	被测要素为平面，基准要素为平面	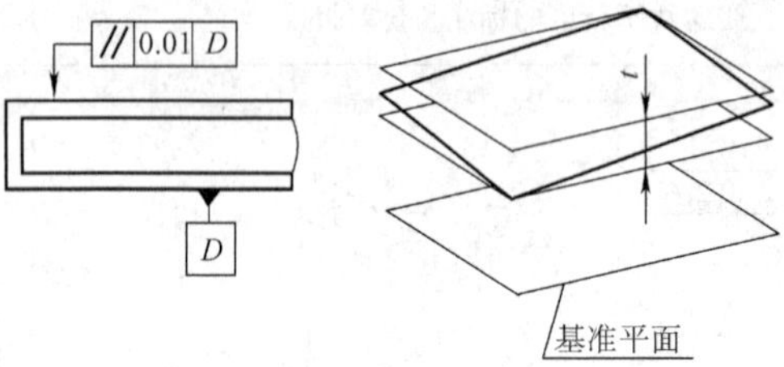 基准平面 面对面平行度公差示例	被测实际表面必须位于距离为公差值 0.01mm 且平行于基准面的两平行平面之间

3. 平行度误差的检测方法

检测平行度误差时经常用平板、心轴或 V 形块模拟平面，以孔或轴作为基准，然后测量被测线，以面上各点到基准的距离之差的最大值作为平行度误差，其检测方法见表 2-5。

表 2-5　平行度误差的检测方法

检测对象	图示	检测步骤
线对线的平行度	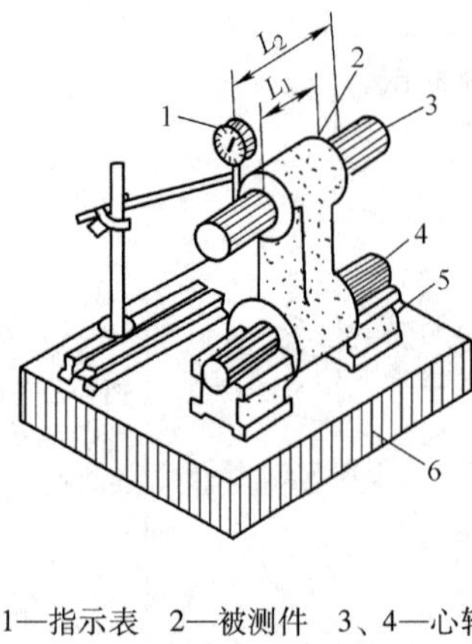 1—指示表　2—被测件　3、4—心轴 5—V 形架　6—平板	1）将被测工件装入心轴，然后放到等高 V 形架上 2）用指示表测心轴两端的高度 M_1 和 M_2 3）平行度误差为 $f = \lvert M_1 - M_2 \rvert \times \frac{L_1}{L_2}$ L_1 为被测轴线长度，L_2 为指示表两个位置间的距离 4）在 0°～180°范围内按上述方法测量若干个不同的角度位置，取各测量位置所对应平行度误差值中的最大值 5）评定测量结果，如果 $f_{max} \leqslant 0.02$mm，则该零件的平行度符合要求；如果 $f_{max} \geqslant 0.02$mm，则该零件的平行度超差

（续）

检测对象	图示	检测步骤
线对面	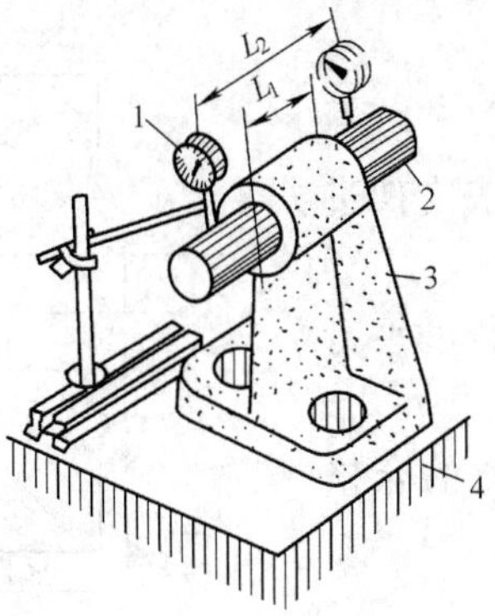 1—指示表　2—心轴　3—被测件　4—平板	1）将被测零件放置在平板上，被测轴线由心轴模拟 2）在距离为 L_2 的两个位置上测量心轴的上等线，测得的读数分别为 M_1 和 M_2 3）平行量误差为 $$f = \mid M_1 - M_2 \mid \times \frac{L_1}{L_2}$$ L_1 为被测轴线长度，L_2 为指示表两个位置间的距离 4）评定检验结果，如果计算出的 $f \leqslant 0.05$mm，则该零件的平行度符合要求；如果 $f > 0.05$mm，则该零件的平行度超差
面对线	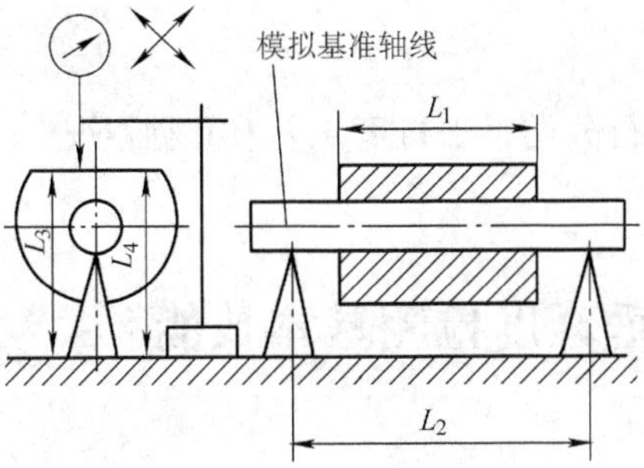	1）将心轴插入工件基准孔中，然后放在等高 V 形架上 2）转动零件，使 $L_3 = L_4$ 3）测量整个平面，取指示表上读数的最大差作为平行度误差。测量时应选用可胀式心轴，达到与孔的配合无间隙 4）评定检测结果
面对面	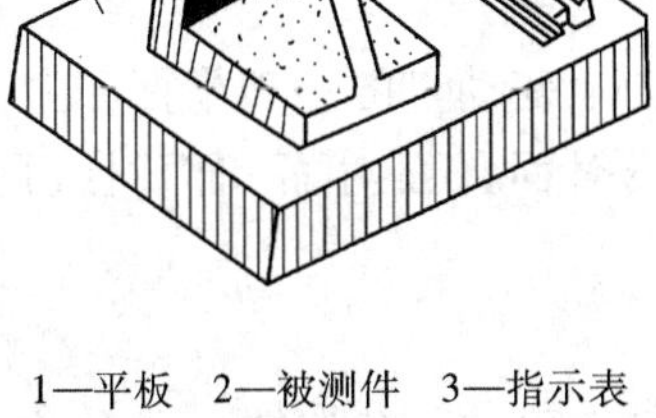 1—平板　2—被测件　3—指示表	1）将被测工件放置在平板上 2）在整个被测表面上多方向移动指示表支架进行测量 3）取最大值与最小值之差作为该零件的平行度误差 f。即 $$f = M_{max} - M_{min}$$ M_{max} 为指示表的最大读数，M_{min} 为指示表的最小读数 4）评定检测结果，如果 $f \leqslant 0.05$mm，则该零件的平行度符合要求；如果 $f > 0.05$mm，则该零件的平行度超差

三、综合练习：轮坯平行度的检测

1. 工件图样

检测如图 2-24 所示轮坯的平行度误差。

2. 测量方法

1）将轮坯的 *A* 面放在平板上。

2）将千分表装在磁力表架上，并将千分表调零。

3）在整个零件的被测表面上多方向移动千分表支架进行测量。

4）将测量中的最大值、最小值记录下来，该件的平行度误差 $f = M_{max} - M_{min}$。

5）根据 f 与平行度公差判定零件平行度误差的合格性。

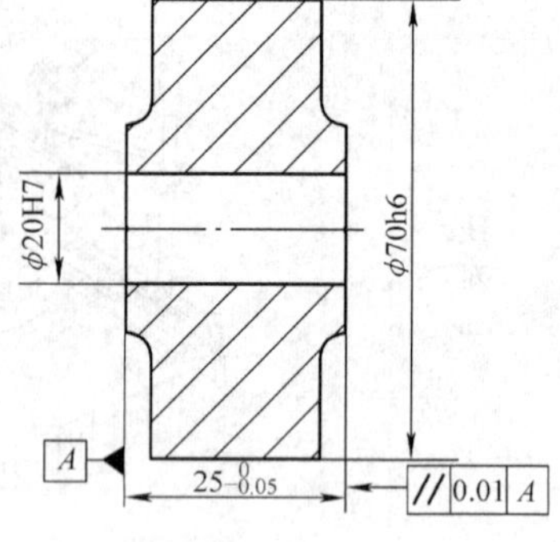

图 2-24　轮坯

3. 注意事项

1）根据零件图判别被测要素和基准要素时，工件不能放反。

2）使用千分表时要严格按要求使用。

3）调零时，不要使测量头突然撞击在被测表面上，以防损坏千分表。

4）测量时，移动千分表支架要平稳。

4. 思考题

1）按被测要素和基准要素的几何特征进行分类，平行度误差有几种情况？

2）检测平行度误差的方法有哪些？

测量实践课题四　垂直度检测基本技能

一、训练目标

1）了解垂直度公差及其标注方法。

2）掌握垂直度的检测方法。

3）能对典型工件进行测量。

二、相关知识

垂直度是指加工后零件上的面、线或轴线相对于该零件上作为基准的面、线或轴线不垂直的程度，如长方形零件上的侧平面与底平面不垂直的程度、圆盘零件的端面与轴线的不垂直程度等。

1. 垂直度公差

垂直度是限制被测实际要素对基准在垂直方向上变动量的一项指标。由于被测要素和基准要素不同，零件的垂直度误差分为线对线、线对面、面对面和面对线四种情况，见表 2-6。

2. 垂直度误差的检测

由于被测要素和基准要素不同，零件的垂直度误差分为线对线、线对面、面对线和面对面四种情况，其检测方法及步骤见表 2-7。

表 2-6　垂直度公差带种类及含义

<table>
<tr><th>种 类</th><th>零件垂直度公差带示例</th><th>含义</th></tr>
<tr><td>线对线</td><td>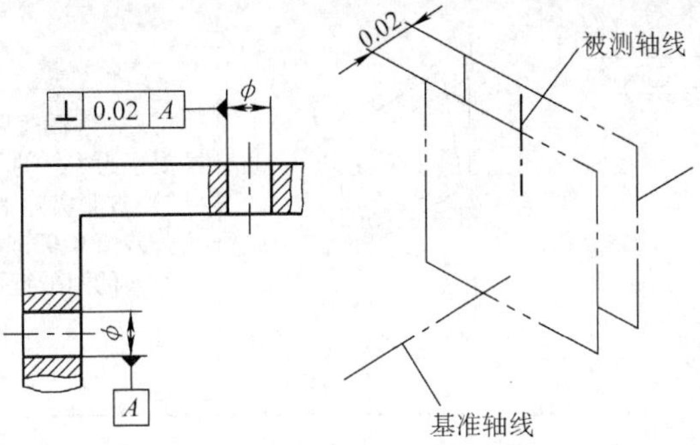
</td><td>1）被测要素和基准要素均为轴线
2）公差带是距离为公差值 0.02mm，且垂直于基准轴线上的两平行平面之间的区域</td></tr>
<tr><td>面对线</td><td>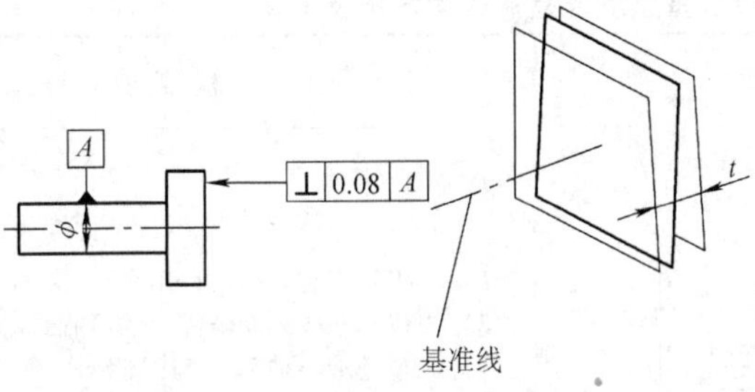
</td><td>1）被测要素为零件的右端平面，基准要素是圆柱的轴线
2）被测实际表面必须位于距离为公差值 0.08mm，且垂直于基准轴线 A 的两平行平面之间</td></tr>
<tr><td rowspan="2">线对面</td><td>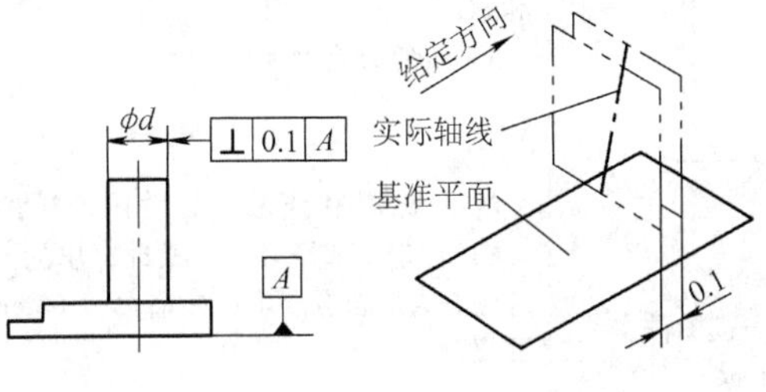
</td><td>1）被测要素为直线，基准要素为平面
2）在给定方向上被测实际轴线必须位于距离为公差值 0.1mm，且垂直于基准面 A 的两平行平面之间</td></tr>
<tr><td>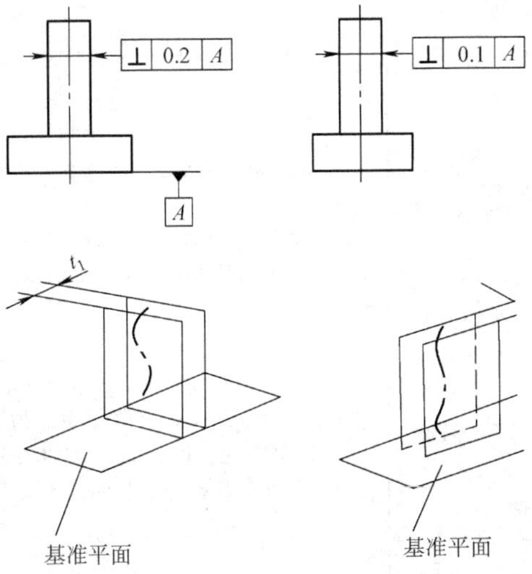
</td><td>1）被测要素为轴线，基准要素为平面
2）在给定方向上被测实际轴线必须位于距离为公差值 0.2mm 的两平行平面之间，此组平行平面垂直于基准平面 A，且垂直于左右方向。被测轴线还必须位于距离为公差值 0.1mm 的平行平面之间，此组平行平面也垂直于基准平面 A，且垂直于前后方向</td></tr>
</table>

（续）

种类	零件垂直度公差带示例	含义
面对面	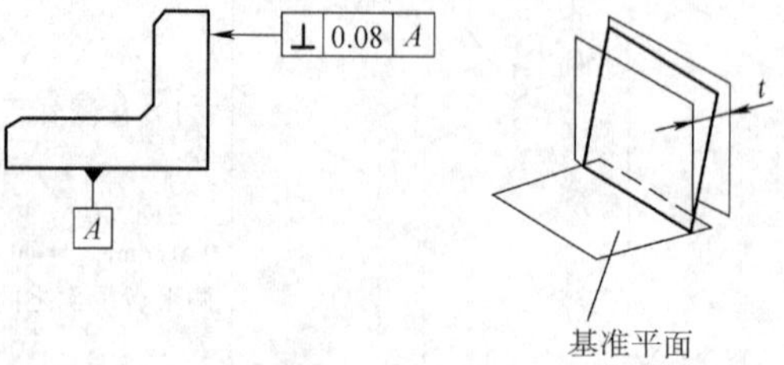 ⊥ 0.08 A A t 基准平面	1）被测要素为零件左端面，基准要素为零件的下底面 A 2）被测实际平面必须位于距离为公差值 0.08mm，且垂直于基准平面 A 的两平行平面之间

表 2-7 垂直度误差的检测方法及步骤

检测项目	图示	检测步骤
线对线	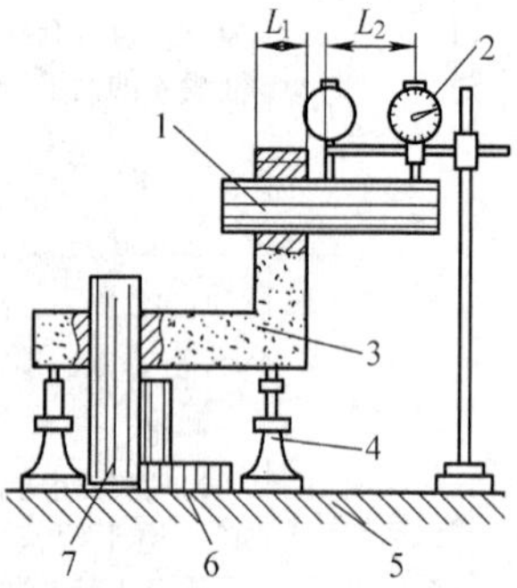 L_1 L_2 1 2 3 4 5 6 7 1—心轴 2—指示表 3—被测件 4—可调支撑 5—平板 6—精密直角尺 7—基准心轴	1）将指示表装入表架待用 2）先将与孔成无间隙配合的可胀式心轴，装入工件 3）调整基准心轴 7，使其与平板 5 垂直 4）使指示表测头与心轴垂直，且将指针调零，测得 M_1 和 M_2 5）计算垂直度误差 $$f = \mid M_1 - M_2 \mid \times \frac{L_1}{L_2}$$ L_1 为被测轴线长度，L_2 为两个测量位置间的距离 6）评定检测结果，如果计算出的 $f \leqslant 0.08$mm，则该零件的垂直度符合要求；如果 $f > 0.08$mm，则该零件的垂直度超差
线对面	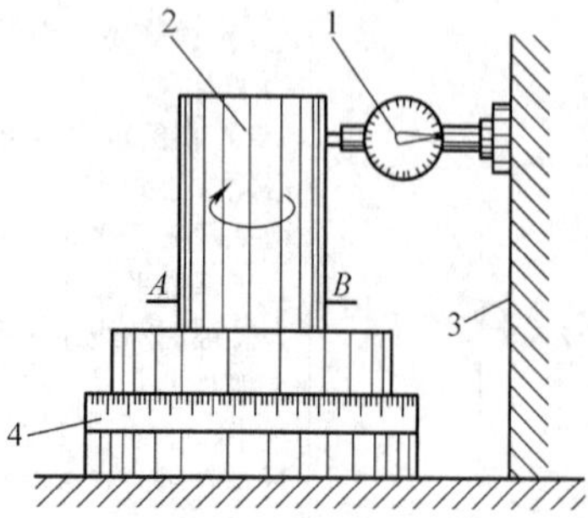 2 1 A B 3 4 1—指示表 2—被测件 3—直角尺 4—转台	1）将被测零件放置在转台上，并使被测轮廓要素的轴线与转台中心对正 2）将指示表在被测零件的外圆柱面上对零，按需要测量若干个轴向截面轮廓要素上的最大读数 M_{max} 和最小读数 M_{min} 3）计算垂直度误差 $$f = 1/2\ (M_{max} - M_{min})$$ M_{max} 为指示表的最大读数，M_{min} 为指示表的最小读数 4）评定检测结果，如果 $f \leqslant 0.01$mm，则该零件的垂直度符合要求；如果 $f > 0.1$mm，则该零件的垂直度超差

（续）

检测项目	图示	检测步骤
面对线	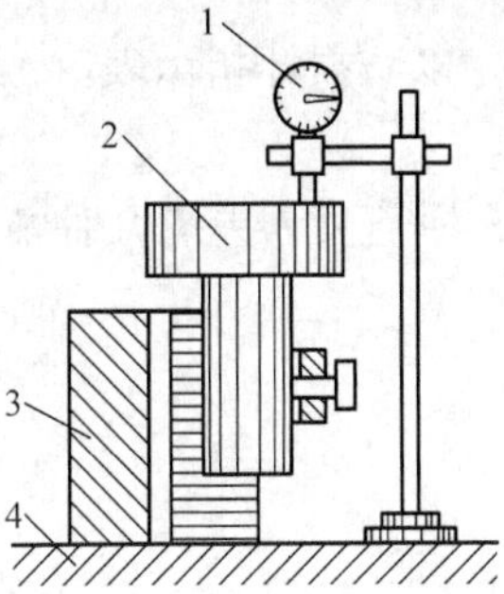 1—指示表　2—被测件 3—导向套　4—平板	1）将被测零件放置在导向块内，基准线由导向块模拟 2）使指示表测头与被测表面垂直，并将长指针调零 3）测量整个表面，并记录读数 4）计算零件的垂直度误差 $f = M_{max} - M_{min}$ M_{max}为指示表的最大读数，M_{min}为指示表的最小读数 5）评定检测结果，如果垂直度误差$f \leqslant 0.05$mm，则零件的垂直度符合要求；如果$f > 0.05$mm，则该零件的垂直度超差
面对面	直角尺　工件　f	1）将被测零件放置在平板上，用平板模拟基准，将精密直角尺的短边置于平板上，长边靠在被测零件的侧面上，此时长边即为理想要素 2）用塞尺测量精密直角尺长边与被测侧面之间的最大间隙f，测得值即为该位置的垂直度误差 3）评定检测结果，如果测得$f_{max} \leqslant 0.20$mm，则该零件的垂直度符合要求；如果$f_{max} > 0.20$mm，则该零件的垂直度超差

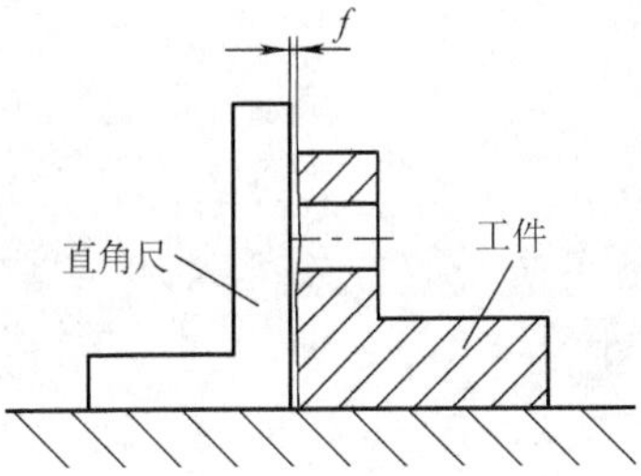

三、综合练习：轴垂直度的检测

1. 工件图样

测量如图 2-25 所示轴的垂直度误差。

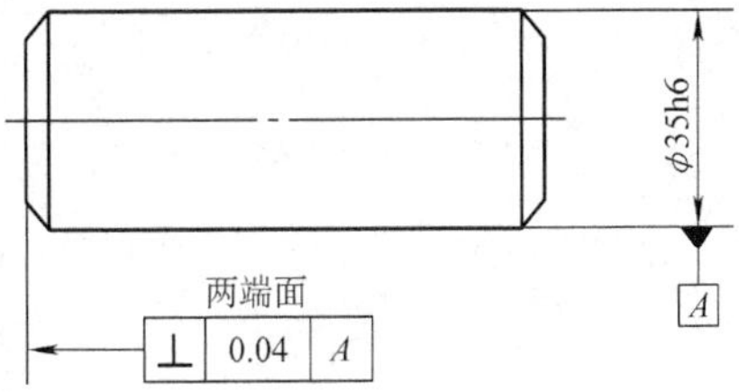

图 2-25　轴

2. 测量方法

1）将被测零件放置在导向块内，基准轴线由导向块模拟。

2）测量整个被测表面，并记录读数。

3）取指示表的最大读数与最小读数之差作为零件的垂直度误差，即

$$f = M_{max} - M_{min}$$

式中　M_{max}——指示表的最大读数；

M_{min}——指示表的最小读数。

4）用同样方法测量另一表面。

5）评定检测结果，如果指示表的最大读数与最小读数之差$f \leqslant 0.04$mm，则该零件的垂直度符合要求；如果$f > 0.04$m，则该零件的垂直度超差。

3. 注意事项

1）检测时工件要放正，否则会产生误差。

2）测量时，指示表的测头应与平面垂直，否则指示表齿杆移动不灵活，导致测量结果不准确。

3）测量时，测量头不要突然撞击在被测表面上，以防损坏指示表。

4. 思考题

1）按被测要素和基准要素的几何特征进行分类，垂直度误差有几种情况？

2）检测垂直度误差的方法有哪些？

第三单元　表面粗糙度

模块一　表面粗糙度概述

一、基本概念

表面粗糙度是指加工后的工件表面上具有的较小间距的凹凸不平的峰谷所形成的微观几何形状误差，即表面微观的不平度。

用显微镜观察加工后的工件表面，可以看到由许多凸峰和凹谷组成的微小加工痕迹，使得加工表面微观凹凸不平，如图 3-1 所示。国家标准规定用表面粗糙度来表示这种加工表面的微观几何形状特性。表面粗糙度值越小，则加工表面越光滑，加工成本和加工技术性越高。

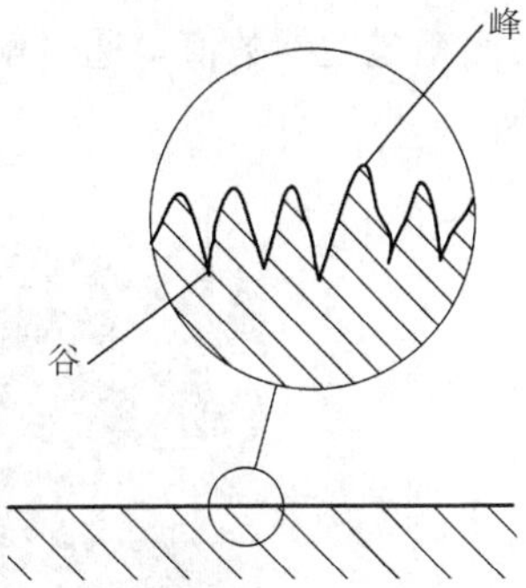

表面粗糙度对零件使用性能的影响是多方面的，对配合性质、摩擦、磨损、表面抗腐蚀性、零件强度、接触刚度、结合密封性、导热性和测量精度等都有不同程度的影响。

峰

谷

图 3-1　加工表面微观形状

二、表面粗糙度的评定参数

国家标准中规定，常用的表面粗糙度评定参数有轮廓算术平均偏差（*Ra*）和轮廓最大高度（*Rz*）。一般情况下，应用最广泛的是轮廓算术平均偏差 *Ra*。

轮廓算术平均偏差是指在取样长度 *Z*（用于判断具有表面粗糙度特征的一段基准线长度）内，轮廓偏距绝对值的算术平均值，也就是在取样长度内被测表面轮廓上各点到轮廓中线距离的绝对值的算术平均值，如图 3-2 所示。

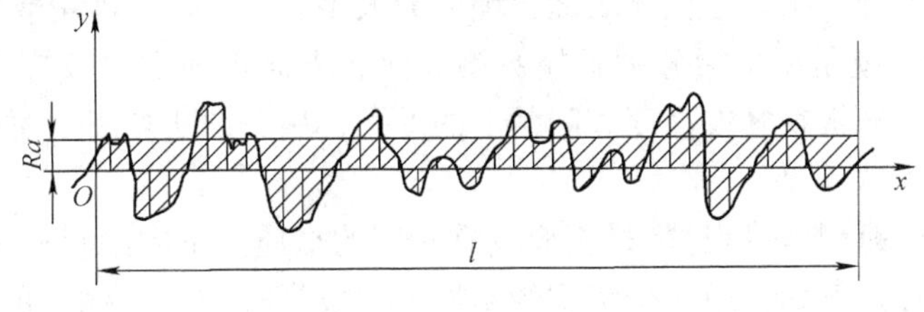

图 3-2　轮廓算术平均偏差 *Ra*

测量实践课题一　表面粗糙度检测基本技能

一、训练目标

1）了解表面粗糙度的概念。

2）掌握表面粗糙度的评定参数。

3）掌握表面粗糙度代号及其标注方法。

二、相关知识

表面粗糙度反映的是零件被加工表面上的微观几何形状误差。表面粗糙度主要是由加工过程中刀具和零件表面间的摩擦、切屑分离时表面金属层的塑性变形及工艺系统的高频振动等原因形成的。

1. 用比较法检测表面粗糙度

表面粗糙度的检测方法主要有比较法和仪器检测法两种，这里仅介绍比较法。

比较法是生产中测量表面粗糙度时常用的方法之一。此方法是用表面粗糙度比较样板与被测表面比较，来判断表面粗糙度的数值。尽管这种方法不够严谨，但它具有测量方便、成本低、对环境要求不高等优点，所以被广泛应用于在生产现场检验一般的表面粗糙度。

如图 3-3 所示为表面粗糙度比较样板，它是采用特定合金材料加工而成的，具有不同的表面粗糙度参数值。通过触觉、视觉与被测件表面进行比较，以确定被测表面粗糙度的大小。

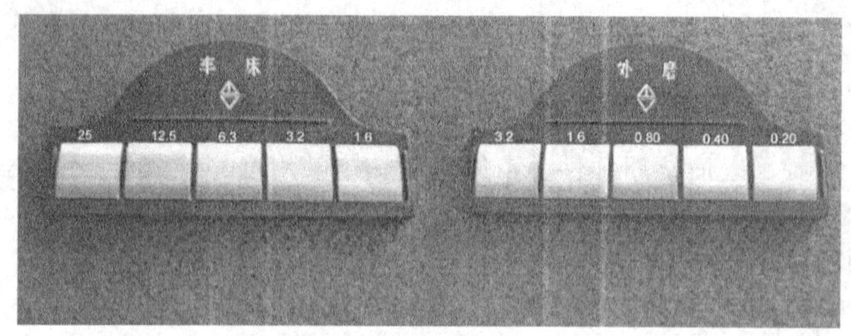

图 3-3　表面粗糙度比较样板

（1）视觉比较　就是通过目测反复比较被测表面与表面粗糙度比较样板间的异同，根据反光强弱、色彩差异，来判定被测表面粗糙度的大小。必要时可借用放大镜进行比较。

（2）触觉比较　就是用手指分别触摸被测表面和表面粗糙度比较样板，根据手的感觉判断被测表面与比较样板在峰谷高度和间距上的差别，从而判断被测表面粗糙度的大小。

2. 使用注意事项

1）被测表面与表面粗糙度比较样板应具有相同的材质。不同的材质表面的反光特性和手感的粗糙度不一样。例如，用一个钢质的粗糙度比较样板与一个铜质的加工表面相比较，将会产生较大的误差。

2）被测表面与表面粗糙度比较样板应具有相同的加工方法，不同的加工方法所获取的加工痕迹是不一样的。例如车削加工的表面，绝不能用磨削加工的表面粗糙度比较样板去比较。

3）用比较法检测工件的表面粗糙度时，应注意温度、照明方式等环境因素的影响。

三、综合练习：轴套表面粗糙度的检测

1. 工件图样

用比较法检测图 3-4 所示工件上相应的表面粗糙度值。

2. 检测方法

1）根据工件的加工材料及加工方法，选择表面粗糙度比较样板。

2）通过触觉、视觉将被测件表面与表面粗糙度比较样板进行比较，以确定被测表面粗糙度值的大小，必要时可借用放大镜进行比较。

3. 注意事项

1）被测表面与表面粗糙度比较样板应具有相同的材质。不同的材质表面的反光特性和手感的粗糙度不一样。材质不同将导致产生较大的误差。

2）被测表面与表面粗糙度比较样板应具有相同的加工方法，不同的加工方法所得到的加工痕迹是不一样的。例如车削加工的表面，绝不能用磨削加工的表面粗糙度比较样板去比较。

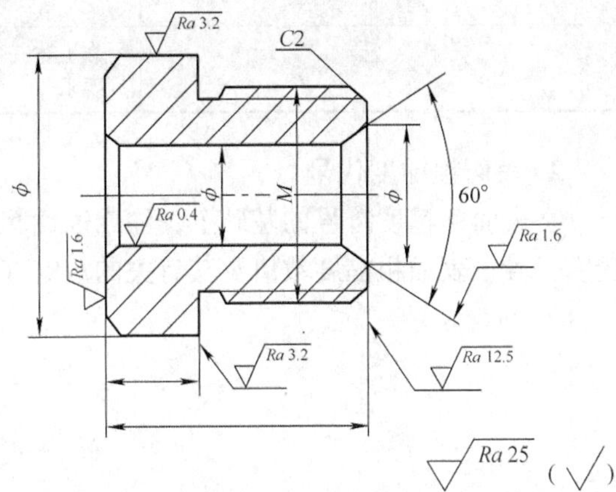

图 3-4　检测表面粗糙度

3）用比较法检测工件的表面粗糙度时，应注意温度、照明方式等环境因素的影响。

4. 思考题

1）用比较法检测表面粗糙度时需要注意哪些事项？

2）评定表面粗糙度时，为什么要规定取样长度和评定长度？

模块二　表面粗糙度代号及识读

一、表面粗糙度代号

1. 表面粗糙度符号

如图 3-5 所示是表面粗糙度的基本符号，在表面粗糙度基本符号上加上短横线或小圆等就构成表面粗糙度的各种符号。各种符号的说明见表 3-1。

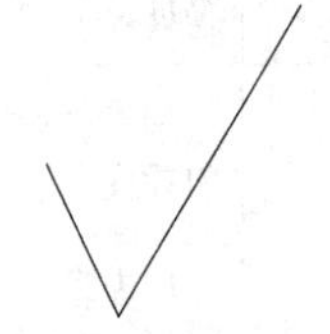
图 3-5　表面粗糙度的基本符号

表 3-1　表面粗糙度的各种符号及说明

符　　号	说　　明
	基本符号，表示表面可用任何方法获得。当不加注粗糙度参数值或有关说明（例如：表面处理、局部热处理状况等）时，仅适用于简化代号标注
	基本符号加一短划，表示表面是用去除材料的方法获得。例如：车、铣、钻、磨、剪切、抛光、腐蚀、电火花加工、气割等
	基本符号加一小圆，表示表面是用不去除材料的方法获得。例如：铸、锻、冲压变形、热轧、冷轧、粉末冶金等 或者是用于表示保持原供应状况的表面（包括保持上道工序的状况）
	在上述三个符号的长边上均可加一横线，用于标注有关参数和说明

（续）

符　号	说　明
	在上述三个符号上均可加一小圆，表示所有表面具有相同的表面粗糙度要求

2. 表面粗糙度代号

在表面粗糙度符号的基础上，注出表面粗糙度值及其有关的规定项目后就形成了表面粗糙度代号。表面粗糙度数值及其有关的规定在符号中注写的位置，如图 3-6 所示。

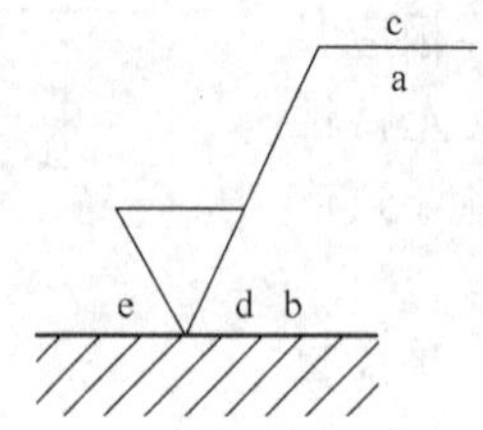

图 3-6　表面粗糙度代号

a—表面结构的单一要求，或第一个表面结构要求　b—第二个表面结构要求
c—加工要求、镀覆、涂覆或其他表面处理要求　d—加工纹理方向符号　e—加工余量（单位为 mm）

1）表面粗糙度高度参数：表面粗糙度高度参数的注写示例及意义见表 3-2。

表 3-2　表面粗糙度高度参数的注写示例及意义

代　号	意　义	代　号	意　义
Ra 3.2	用任何方法获得的表面粗糙度，*Ra* 的上限值为 3.2μm	*Ra* 3.2max	用任何方法获得的表面粗糙度，*Ra* 的最大值为 3.2μm
Ra 3.2	用去除材料方法获得的表面粗糙度，*Ra* 的上限值为 3.2μm	*Ra* 3.2max	用去除材料方法获得的表面粗糙度，*Ra* 的最大值为 3.2μm
Ra 3.2	用不去除材料方法获得的表面粗糙度，*Ra* 的上限值为 3.2μm	*Ra* 3.2max	用不去除材料方法获得的表面粗糙度，*Ra* 的最大值为 3.2μm
U *Ra* 3.2 L *Ra* 1.6	用去除材料方法获得的表面粗糙度，*Ra* 的上限值为 3.2μm，*Ra* 的下限值为 1.6μm	*Ra* 3.2max *Ra* 1.6min	用去除材料方法获得的表面粗糙度，*Ra* 的最大值为 3.2μm，*Ra* 的最小值为 1.6μm
Rz 3.2	用任何方法获得的表面粗糙度，*Rz* 的上限值为 3.2μm	*Rz* 3.2max	用任何方法获得的表面粗糙度，*Rz* 的最大值为 3.2μm
Rz 200	用不去除材料方法获得的表面粗糙度，*Rz* 的上限值为 200μm	*Rz* 200max	用不去除材料方法获得的表面粗糙度，*Rz* 的最大值为 200μm
U *Rz* 3.2 L *Rz* 1.6	用去除材料方法获得的表面粗糙度，*Rz* 的上限值为 3.2μm，下限值为 1.6μm	*Rz* 3.2max *Rz* 1.6min	用去除材料方法获得的表面粗糙度，*Rz* 的最大值为 3.2μm，最小值为 1.6μm
U *Ra* 3.2 U *Rz* 12.5	用去除材料方法获得的表面粗糙度，*Ra* 的上限值为 3.2μm，*Rz* 的上限值为 12.5μm	*Ra* 3.2max *Rz* 12.5max	用去除材料方法获得的表面粗糙度，*Ra* 的最大值为 3.2μm，*Rz* 的最大值为 12.5μm

标准还规定，当图样上标注参数的最大值（max）和最小值（min）时，表示参数中所有的实测值均不得超过规定值。当图样上采用参数的上限值和下限值（表中未标注 max 或 min 的）时，表示参数的实测值中允许少于总数 16% 的实测值超过规定值。

2）加工方法、镀覆、涂覆或其他表面处理要求：当某零件加工表面的粗糙度要求由指定的加工方法获得时，用文字标注在符号上边的横线上，如图 3-7 所示。

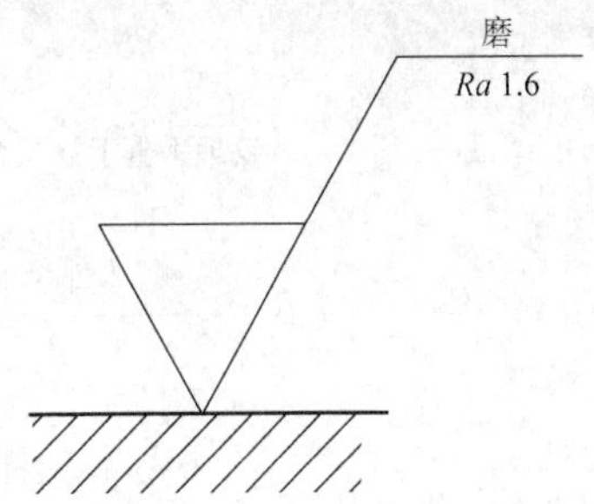

图 3-7　加工方法的标注示例

在符号的横线上面也可注写镀覆、涂覆或其他表面处理要求。需要表示镀覆、涂覆后的表面粗糙度值时，其标注方法见图 3-8a；需要表示镀覆、涂覆前的表面粗糙度要求时，其标注方法见图 3-8b；当需要同时表示镀覆、涂覆前后的表面粗糙度要求时，其标注方法如图 3-8c 所示。

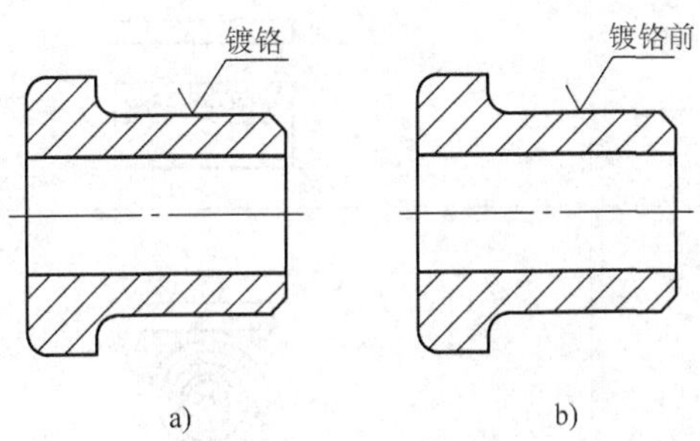

图 3-8　镀覆、涂覆的代号标注示例

标准还规定，镀覆、涂覆或其他表面处理的要求也可在图样的技术要求中说明。

3）加工纹理方向：需要控制表面加工纹理方向时，可在符号的右边加注加工纹理方向符号，如图 3-9 所示。

常见的加工纹理方向符号见表 3-3。

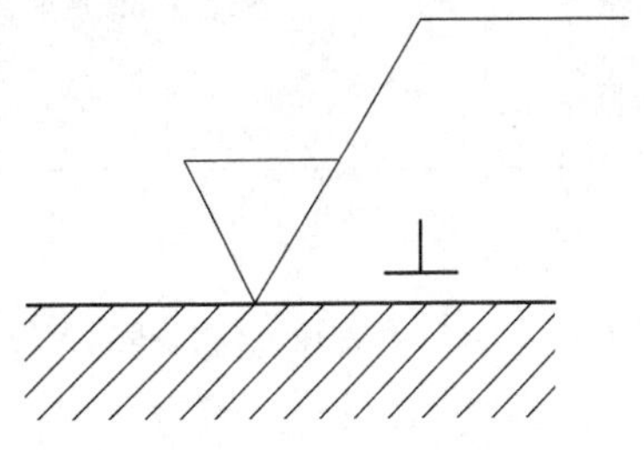

图 3-9　加工纹理方向标注示例

表 3-3　常见的加工纹理方向符号

符号	说　明	示　意　图
=	纹理平行于标注符号视图的投影面	= 纹理方向

（续）

符号	说　明	示 意 图
⊥	纹理垂直于标注符号视图的投影面	纹理方向
×	纹理呈两相交的方向	纹理方向
M	纹理呈多方向	
C	纹理呈近似同心圆	
R	纹理呈近似放射状	
P	纹理无方向或呈凸起的细粒状	

注：若表中所列符号不能清楚地表明所要求的纹理方向，应在图样上用文字说明。

4）加工余量：需要标注加工余量时，注在符号的左侧，其标注方法如图3-10所示。标注时数值要加上括号，加工余量的单位为毫米（mm）。

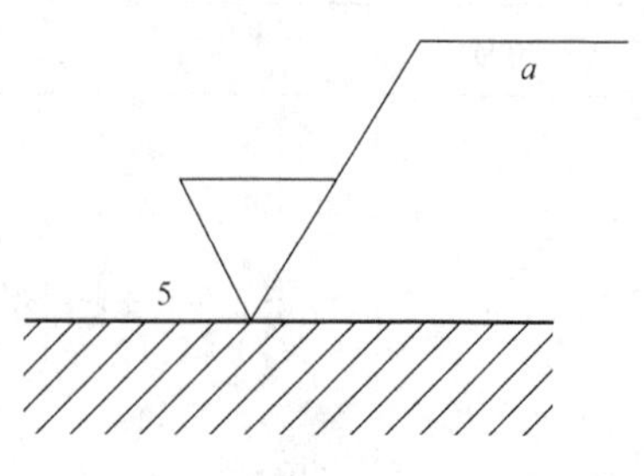

图3-10　加工余量的标注示例

5）参数 *S*、*Sm*、*tp*、*l* 的标注：需要标注间距参数和形状参数时，应标注在符号长边的横线下面，并且必须在参数值前注写参数的符号。图3-11a表示该表面轮廓微观不平度的平均间距 *Sm* 的上限值为0.05mm；图3-11b表示水平截距 *c* 在轮廓最大高度 *Rz* 的50%位置上时，支承长度率

tp 的下限值为 70%；图 3-11c 表示 *Sm* 的最大值为 0.05mm；图 3-11d 表示在与图 3-11b 所示的截距 *c* 相同的情况下，支承长度率 *tp* 的最小值为 70%。

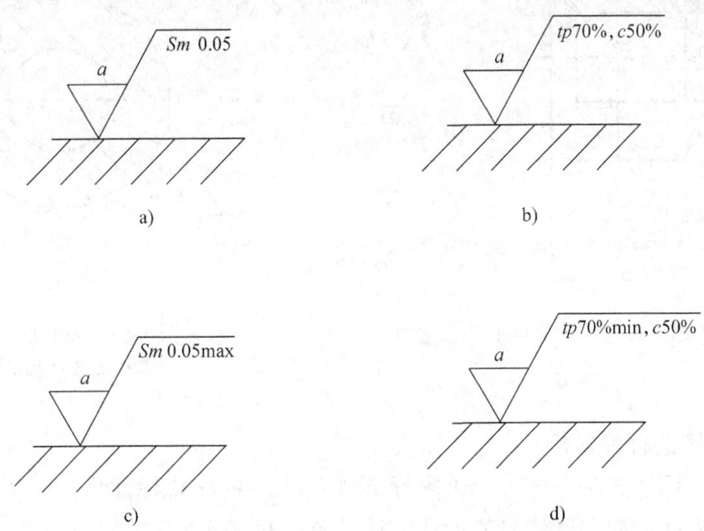

图 3-11　*Sm* 和 *tp* 的标注示例

取样长度也标注在符号长边的横线下面，数字前不注写符号，如图 3-12 所示，其单位为毫米（mm）。标准规定，若取样长度值按表 3-4 所列的对应关系选取时，则在图样上可省略标注。

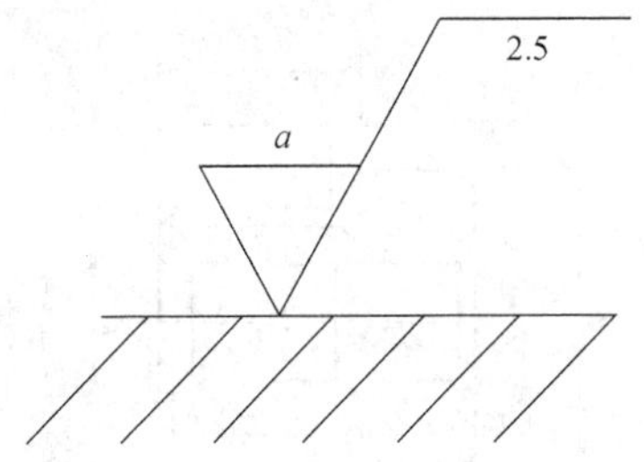

图 3-12　取样长度的标注示例

表 3-4　取样长度（*l*）和评定长度（*ln*）与 *Ra*，*Rz* 的对应关系

Ra/μm	*Rz*/μm	*l*/mm	*ln*/mm
≥0.008～0.02	≥0.025～0.10	0.08	0.4
>0.02～0.10	>0.10～0.50	0.25	1.25
>0.10～2.0	>0.50～10.0	0.8	4.0
>2.0～10.0	>10.0～50.0	2.5	12.5
>10.0～80	>50.0～320	8.0	40.0

二、表面粗糙度的标注

1. 表面粗糙度符号、代号的标注位置

表面粗糙度符号、代号一般标注在可见轮廓线、尺寸线、尺寸界线、引出线或它们的延长线上，如图 3-13 所示。对于不同位置的表面，可选用图 3-14 所示的方式。

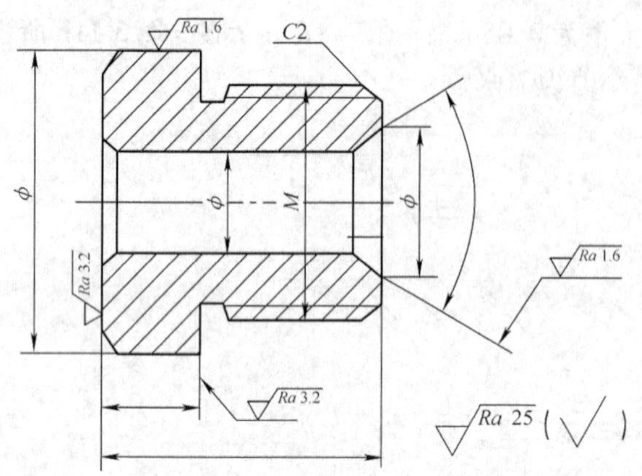

图 3-13　表面粗糙度符号、代号的标注位置（一）

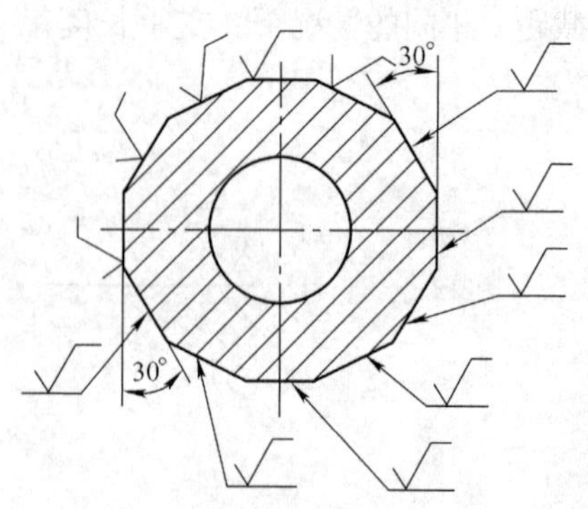

图 3-14　表面粗糙度符号、代号的标注位置（二）

2. 表面粗糙度的标注实例

表面粗糙度的标注方法有多种，国家标准规定了一些简化标注方法，以及螺纹、齿轮、中心孔、键槽等表面的粗糙度代号的标注方法，具体见表 3-5。

表 3-5　表面粗糙度的标注实例

图　例	说　明
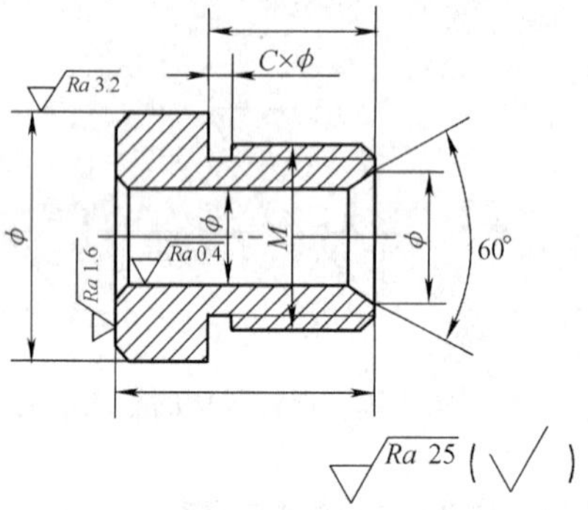 C×φ Ra 3.2 φ φ M φ 60° Ra 1.6　Ra 0.4 Ra 25 (√)	当零件的部分表面具有相同的表面粗糙度要求时，可在图样的标题栏附近统一标注，并在圆括号内给出无任何其他标注的基本图形符号
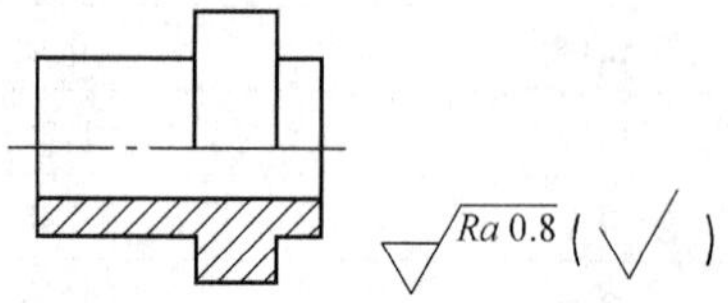 Ra 0.8 (√)	当零件的所有表面有相同的表面结构要求时，可在图样的标题栏附近统一标注表面结构要求
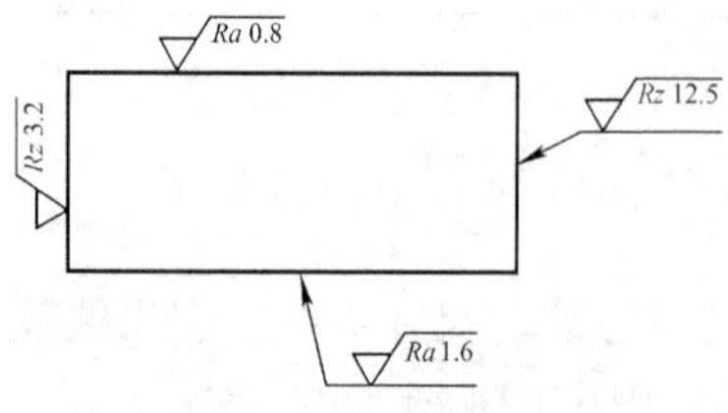 Ra 0.8 Rz 3.2 Rz 12.5 Ra 1.6	表面结构的注写和读取方向与尺寸的注写和读取方向一致

（续）

图　例	说　明
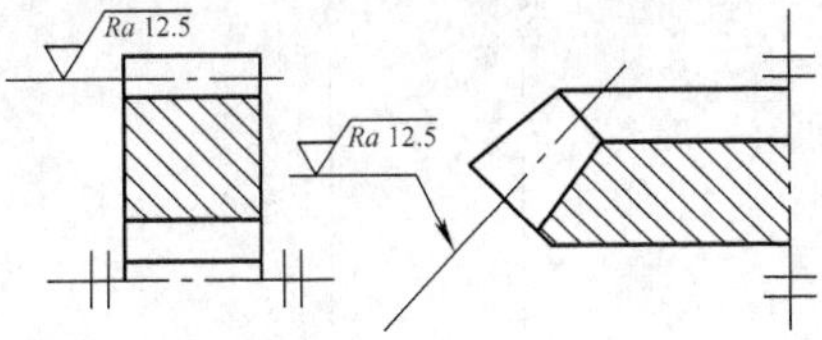	齿轮轮齿表面的粗糙度代号注在分度线（圆）上
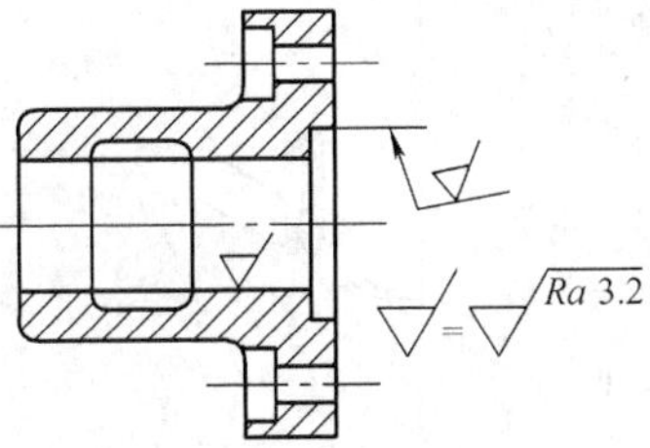	可标注简化代号，但要在标题栏附近注明这些代号的含义
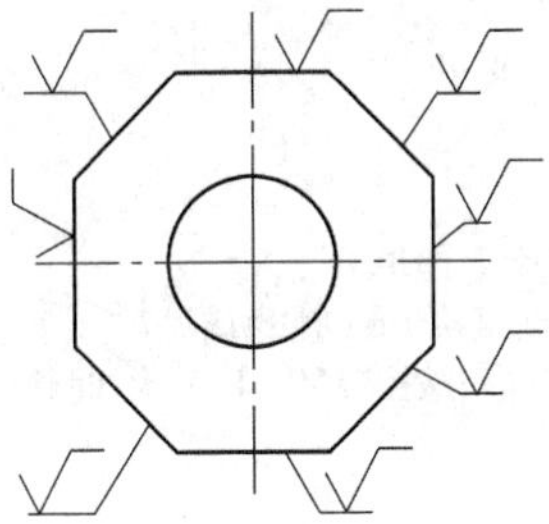	在指引线上标注代号时，均按水平方向标注
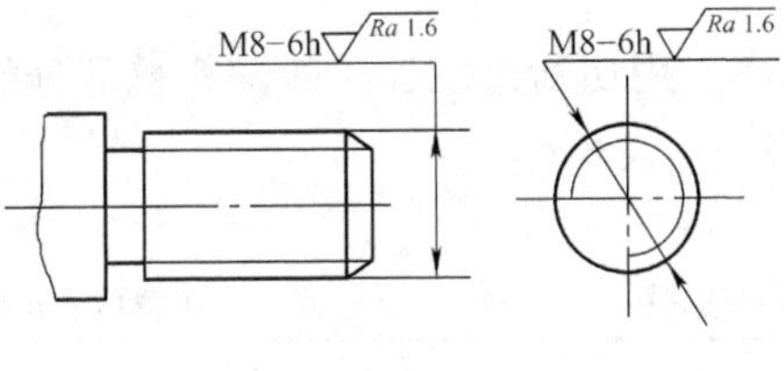	螺纹表面的粗糙度代号注在其尺寸线上

测量实践课题二　表面粗糙度检测仪检测基本技能

一、训练目标

1）了解表面粗糙度检测仪的结构及工作原理 。

2）掌握表面粗糙度检测仪的使用方法。

3）能对典型工件进行检测。

二、相关知识

1. 表面粗糙度检测仪的结构及工作原理

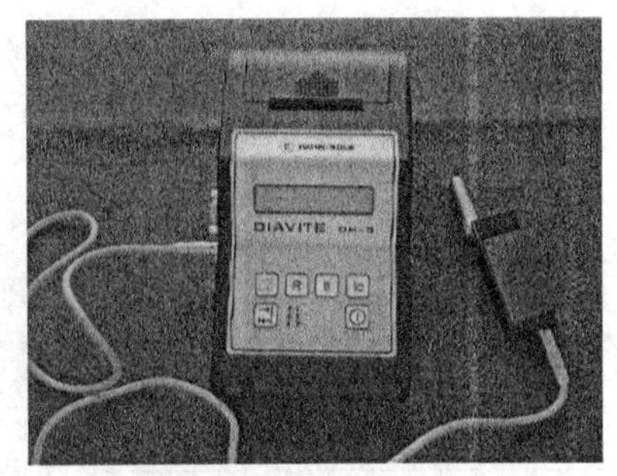

图 3-15　表面粗糙度检测仪

如图 3-15 所示是一种用感触法测量表面粗糙度的检测仪。测量时仪器触针尖端在被测表面上，垂直于加工纹理方向水平移动进行测量，从显示器上可以清晰地看到全部测量结果及图形。该仪器体积小、质量轻，测量迅速方便，并具有较高的测量精度。表面粗糙度检测仪的结构及工作原理见图 3-16。

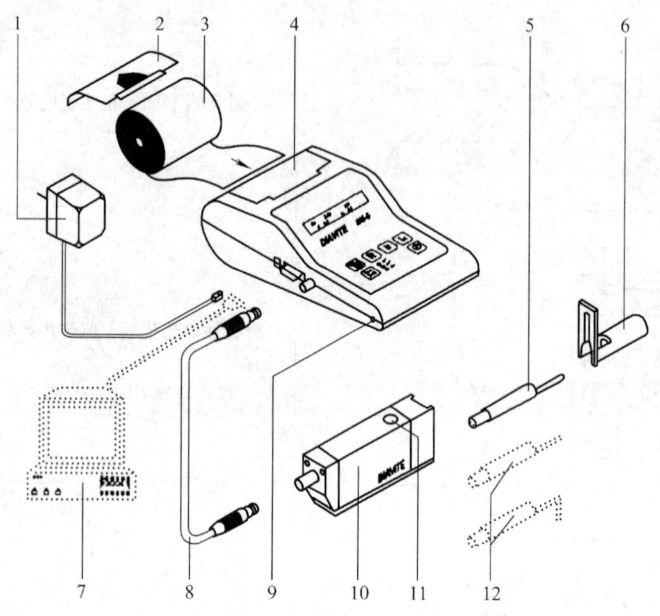

图 3-16　表面粗糙度检测仪的结构及工作原理

1—电源插座　2—纸箱盖　3—打印机　4—纸箱　5—标准测试头　6—支撑座　7—计算机
8—连接仪器与推动装置的电缆　9—校准　10—推动装置　11—遥控装置　12—附加测试头

2. 表面粗糙度检测仪的使用方法

（1）测量参数的选择

1）测试距离的选择：用 lt 选择希望的测试距离。用切断过滤器可排除粗糙部分的波动性，它与常用标准相符合，并且与测量距离相关联，见表 3-6。

表 3-6　测试距离的选择　（单位：mm）

0.48	0.4	0.08
1.5	1.25	0.25
4.8	4.0	0.8
15.0	12.5	2.5

国家标准给出了关于正确选择切断过滤器的说明，普通情况下用 lt = 0.8 测量。

2）滤波的选择：对选定的测试距离用 lc 键可以选择一个较小的滤波，其选择见表 3-7。

表 3-7　滤波的选择　（单位：mm）

0.48	0.4				0.08
1.5	1.25			0.25	0.08
4.8	4.0		0.8	0.25	0.08
15.0	12.5	2.5	0.8	0.25	0.08

3）测量参数的选择：用 R 键选择测量参数 *Ra* 或 *Rz*。

（2）各键的功能

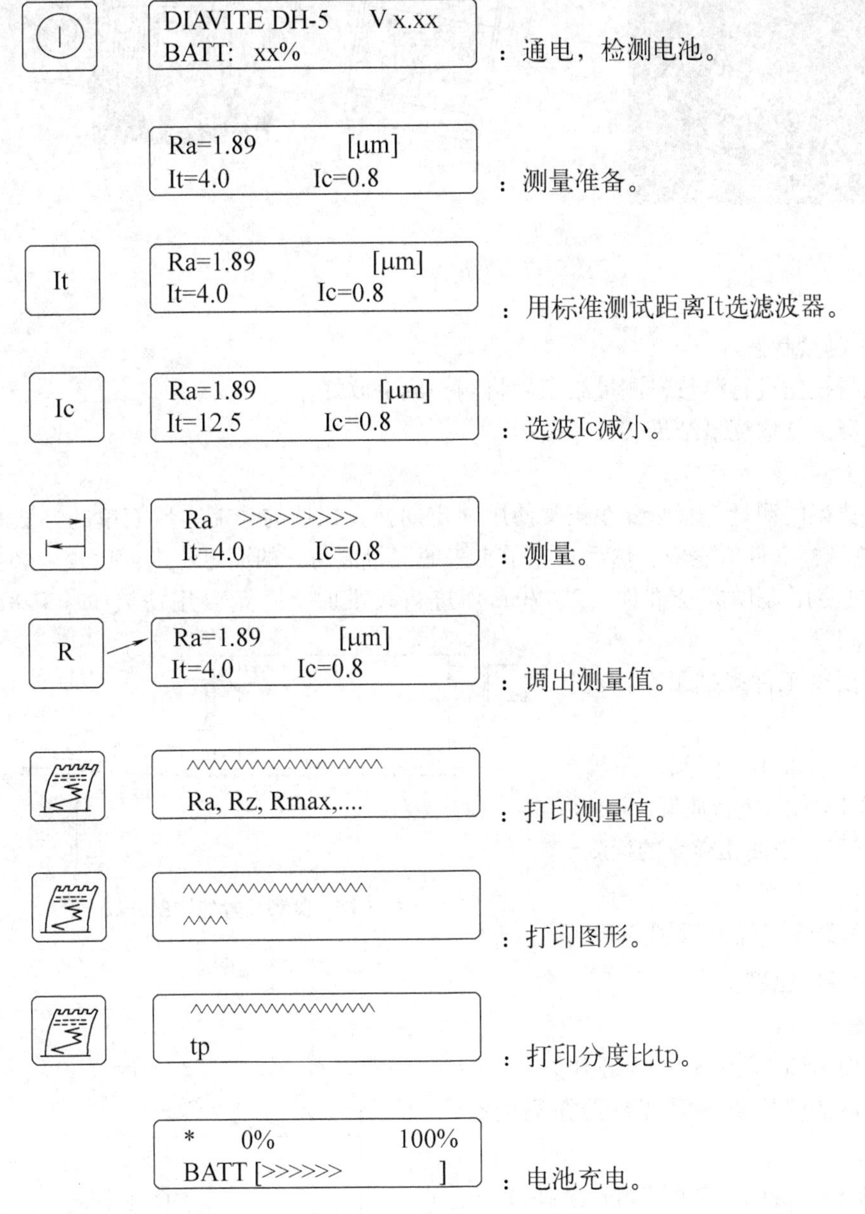

（3）测量方法

1）打开开关（通电），如图 3-17 所示。

2）用 *R* 键调出被测量参数 *Ra* 或 *Rz*。

3）选择标准测试距离 It 和滤波器。

4）放好被测工件。

5）将表面粗糙度测量仪的测头放在工件表面上，使之接触，此时仪器上的绿色灯亮，

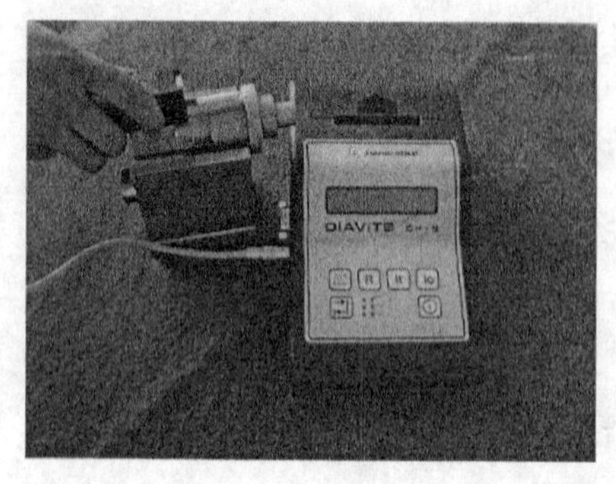

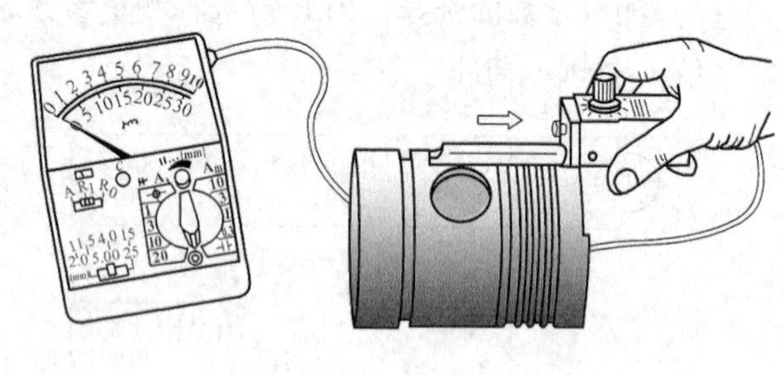

图 3-17　测量方法

表示仪器已处于测量状态。

6）按下测量按钮进行测量，测量结束后将测头取下放好。

7）从显示屏上读取测量结果或打印图形。

（4）操作注意事项

1）为避免错误的测量，有必要在正常使用前定期检查仪器的功能，最简单的办法是测量一个表面粗糙度标准件的表面，然后将显示出来的测量值与它的额定值进行比较，必要时需调校仪器。在使用提供的校准件（2.97mm）进行校准时，一定要用滤波 Ic = 0.8mm、It = 4.8mm进行测量。

2）测量前要将工件擦拭干净，避免测试头有污物。

3）为保证测量准确，测头应正确放置，不可按图 3-18 所示进行放置。

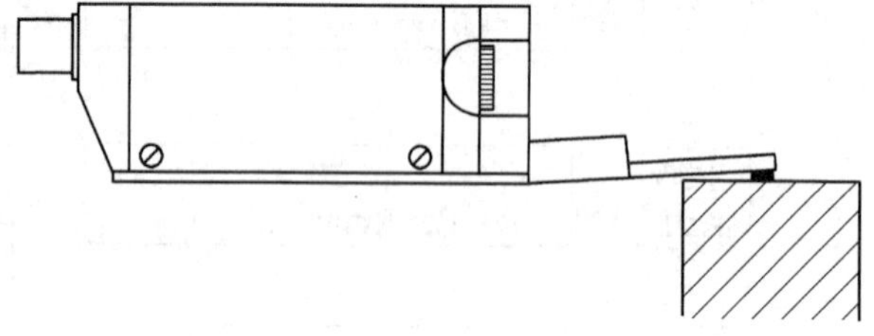

图 3-18　测头放置的错误方法

三、综合练习：表面粗糙度的检测

1. 工件图样

用表面粗糙度检测仪测量图 3-19 所示工件上相应的表面粗糙度值。

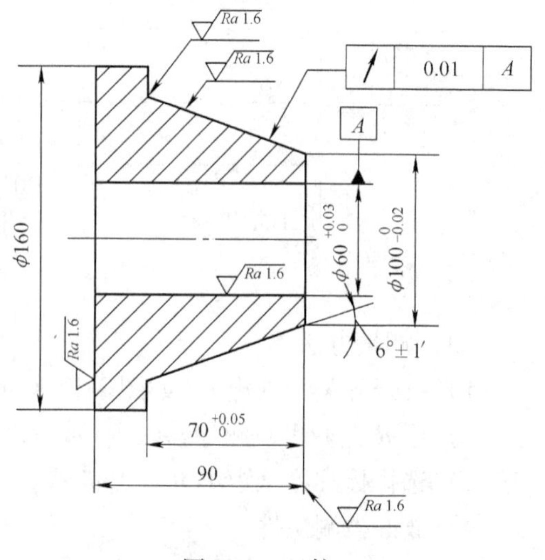

图 3-19　工件

2. 测量方法

1）打开表面粗糙度测量仪的电源开关。

2）根据零件的使用要求用 R 键选择测量参数 *Ra*。

3）根据被测工件的实际情况选择 It = 0.8mm，选择滤波 Ic = 4.8mm。

4）放置好被测工件。

5）将表面粗糙度测量仪的测头放在工件表面上，使之接触，此时仪器上的绿色灯亮，表示仪器已处于测量状态。

6）按下测量按钮进行测量，测量结束后将测头取下放好。

7）从显示屏上读出测量结果或打印图形。

3. 注意事项

1）为避免测量误差，使用前应对仪器进行检验。

2）测量前应将工件擦拭干净，以免产生测量误差。

3）为保证测量准确，测头应正确放置。

4. 思考题

1）表面粗糙度测量仪的优点是什么？

2）如何使用表面粗糙度测量仪？

3）使用表面粗糙度测量仪的注意事项有哪些？

第四单元　千分尺、内径指示表和杠杆指示表

模块一　千 分 尺

一、外径千分尺

如图 4-1 所示，外径千分尺是一种精密量具，其测量精度比游标卡尺高，因而应用广泛。

1. 外径千分尺的结构

外径千分尺由尺架、测微头、测力装置和锁紧装置等组成，如图 4-2 所示。

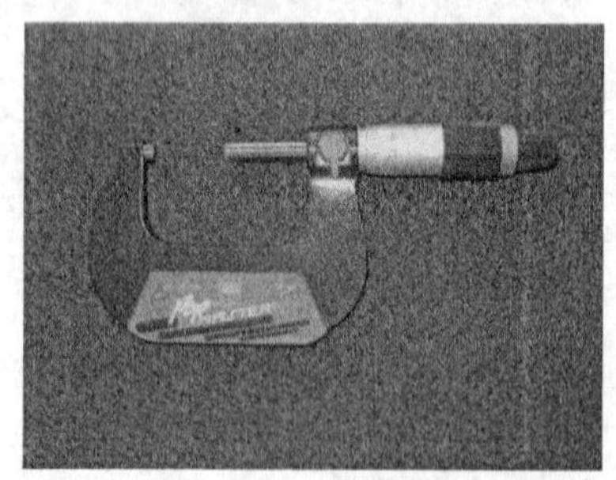

图 4-1　外径千分尺

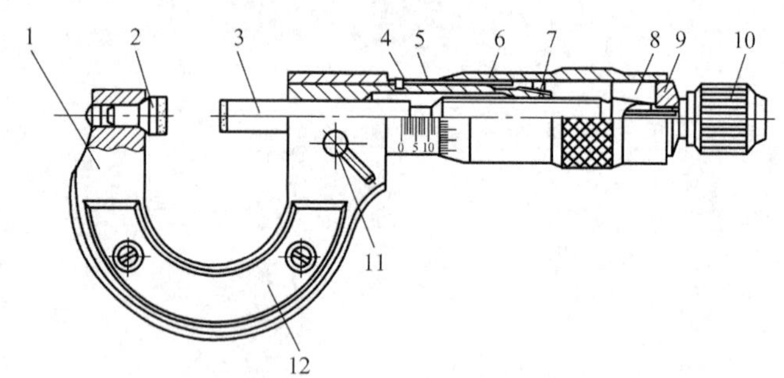

图 4-2　外径千分尺的结构

1—尺架　2—固定测砧　3—测微螺杆　4—螺纹轴套　5—固定套筒　6—微分筒　7—调节螺母　8—接头　9—垫片　10—测力装置　11—锁紧螺钉　12—绝热板

2. 外径千分尺的分度原理

固定套筒刻线间距为 1mm，基线上下刻线间距为 0. 5mm，微分筒圆周上分布有 50 个小格，微分筒旋转一周，固定套筒沿轴线移动 0. 5mm，螺杆螺距（螺距即螺母旋转一周螺杆沿轴线方向所移动的距离）为 0. 5mm。

所以每格刻度值为 0. 5mm/50 = 0. 01mm，也就是说微分筒上每格刻度值为 0. 01mm。

3. 外径千分尺的读数原理

第一步：读出微分筒孔口边缘在固定套管上对应的读数。

第二步：读出微分筒上与固定套筒上的基准线对齐的那一格所对应的读数。

第三步：把两个尺寸加起来。

【例 4-1】　如图 4-3a 所示，可按照下列步骤读数。

1）读出 33mm。

2）读出 0. 15mm。

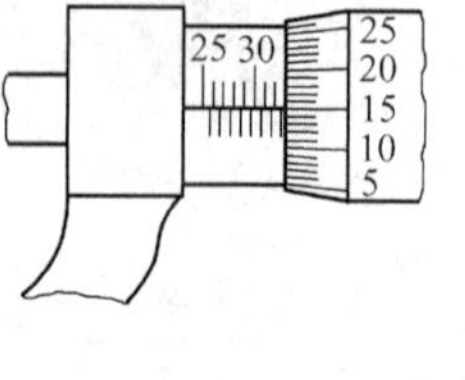

a)

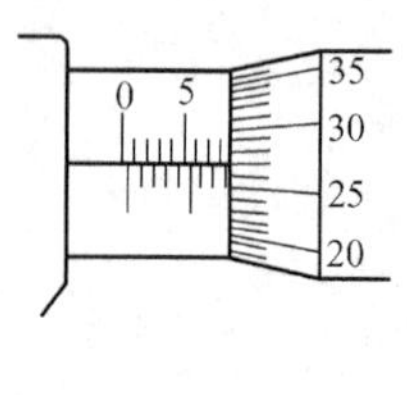

b)

图 4-3　读数原理

3）33mm + 0. 15mm = 33. 15mm。

因此读数为 33. 15mm。

【例 4-2】 如图 4-3b 所示，可按下列步骤读数。

1）微分筒孔口边缘在 8. 5mm 后面，读出 8. 5mm。

2）基线与第 27 格对齐，读出 0. 27mm。

3）整数和小数相加，即 8. 5mm + 0. 27mm = 8. 77mm。

因此读数为 8. 77mm。

4. 外径千分尺的使用方法

使用外径千分尺测量时，有单手测量（图 4-4）和双手测量（图 4-5）两种方式。

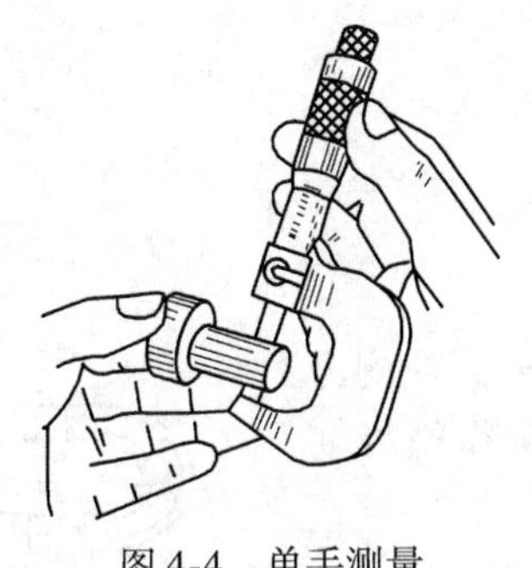

图 4-4 单手测量

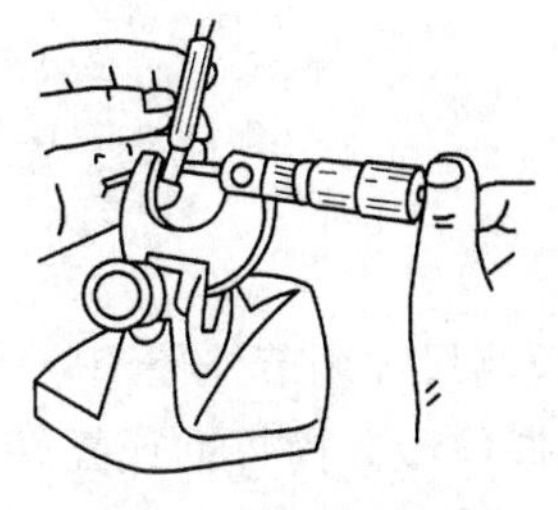

图 4-5 双手测量

1）双手测量时，以左手持外径千分尺的绝缘柄部分，右手持外径千分尺，调得大于待测尺寸备用。测量时，以外径千分尺固定测砧靠住工件，右手旋转棘轮，直至发出声响为止，即可读出数据，如图 4-6 所示。

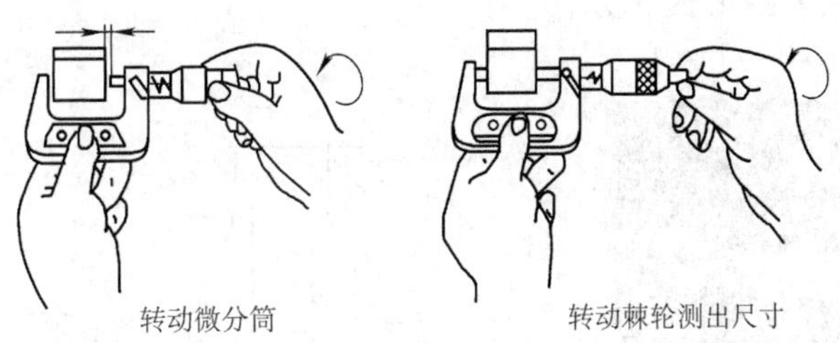

转动微分筒　　转动棘轮测出尺寸

图 4-6 外径千分尺的使用方法

2）在车床上使用外径千分尺时，外径千分尺测量轴线要与工件被测长度方向相一致，不要歪斜，如图 4-7 所示。

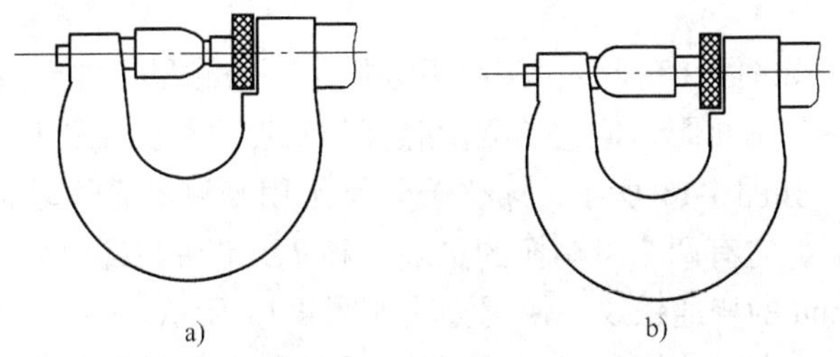

a)　　b)

图 4-7 车床上使用外径千分尺的方法

a）正确方法 b）错误方法

3）在测量被加工的工件时，要使工件处于静止状态，不要在工件转动或加工时测量，否则易使测量面磨损，测杆弯曲甚至折断，如图 4-8 所示。

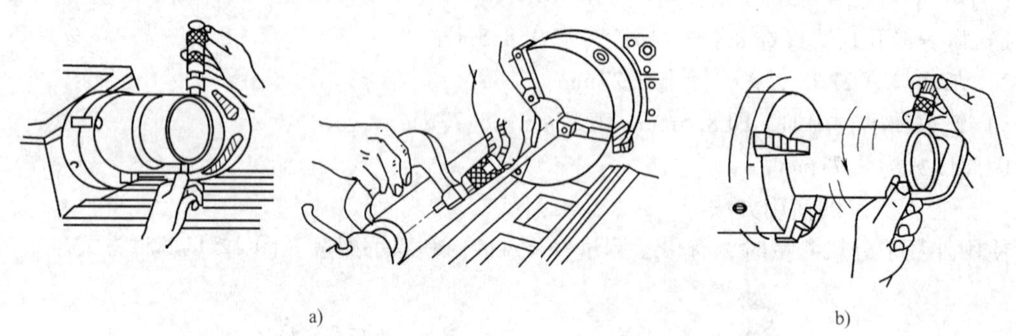

图 4-8　车床上使用外径千分尺测量工件的方法
a）正确方法　b）错误方法

4）按被测尺寸调节外径千分尺时，要慢慢地转动微分筒或测力装置，不要握住微分筒挥动或摇转尺架，否则会使精密测微螺杆变形，如图 4-9 所示。

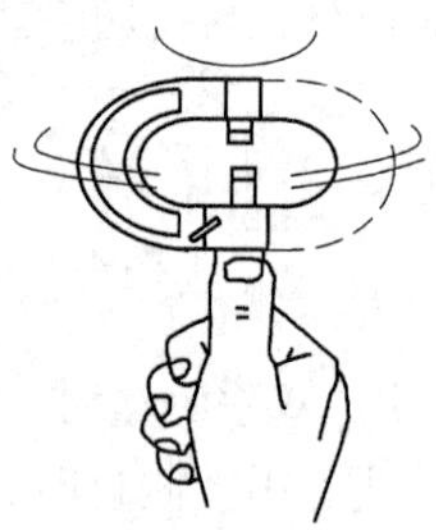

图 4-9　调节外径千分尺的错误方法

二、其他千分尺

（1）内径千分尺　如图 4-10 所示，内径千分尺是用来测量内径及槽宽等尺寸的，这种千分尺的刻线方向与外径千分尺的刻线方向相反，测量范围有 5 ~ 30mm 和 25 ~ 50mm 两种，其读数方法与外径千分尺相同，使用方法如图 4-11 所示。

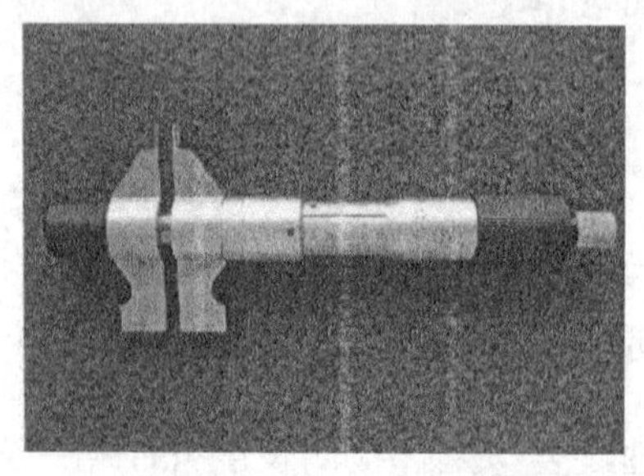

图 4-10　内径千分尺

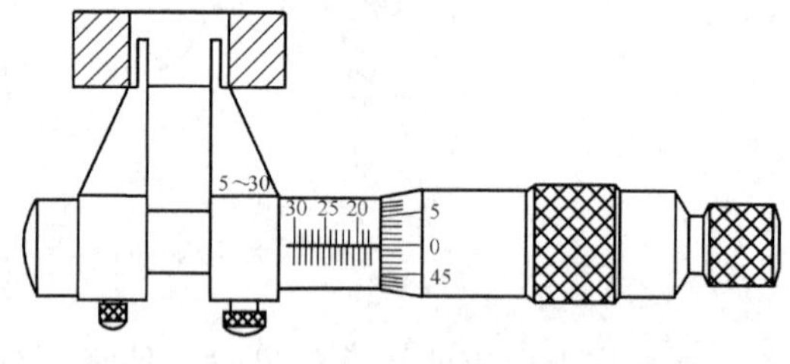

图 4-11　内径千分尺的使用方法

（2）深度千分尺　如图 4-12 所示，深度千分尺是用来测量工件台阶、槽和孔的深度的，它的结构与外径千分尺基本相同，但它的测微螺杆的长度可根据工件尺寸进行调换。

（3）螺纹千分尺　如图 4-13 所示，螺纹千分尺是用来测量精度较低的螺纹中径的，其结构与外径千分尺相似，它有两个可调换的量块 1 和 2，量块与螺纹牙型角相吻合。它可用于测量螺距为 0.4 ~ 6mm 的普通螺纹，使用方法如图 4-14 所示。

（4）壁厚千分尺　如图 4-15 所示，壁厚千分尺是用来测量精密管形工件壁厚的，为了提高寿命，测量面上镶有硬质合金。

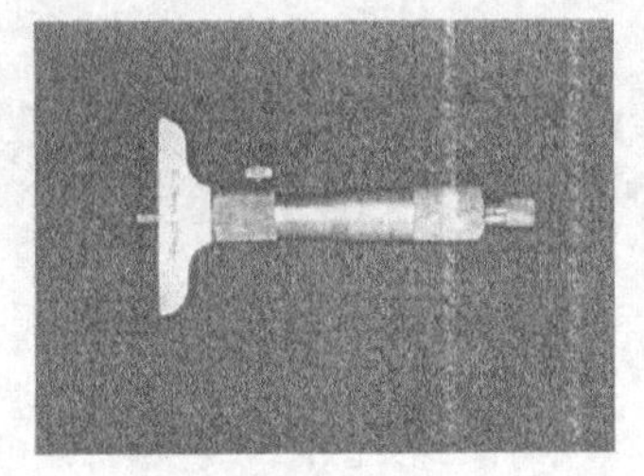
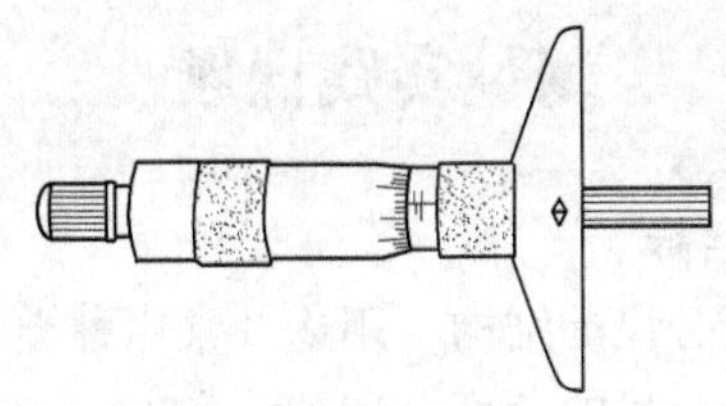
图 4-12　深度千分尺

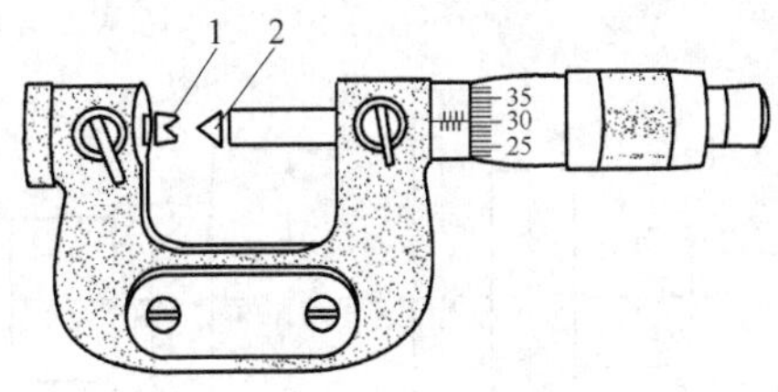

图 4-13　螺纹千分尺

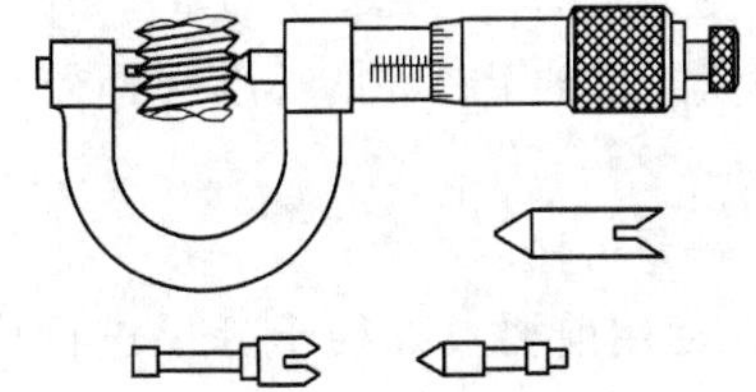
图 4-14　螺纹千分尺的使用方法

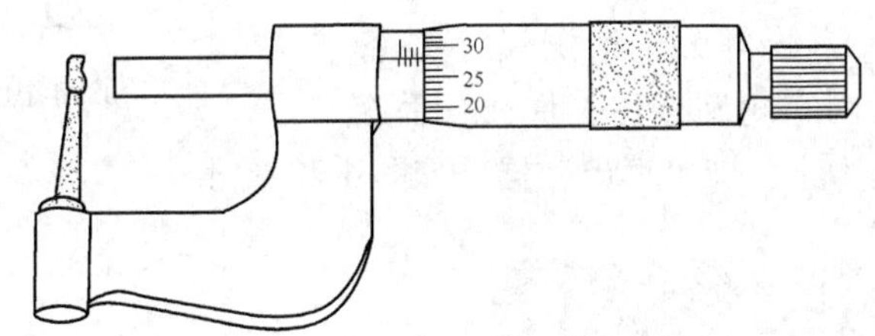

图 4-15　壁厚千分尺

（5）尖头千分尺　如图 4-16 所示，尖头千分尺是用来测量普通千分尺不能测量的小沟槽，测量范围为 0～25mm。

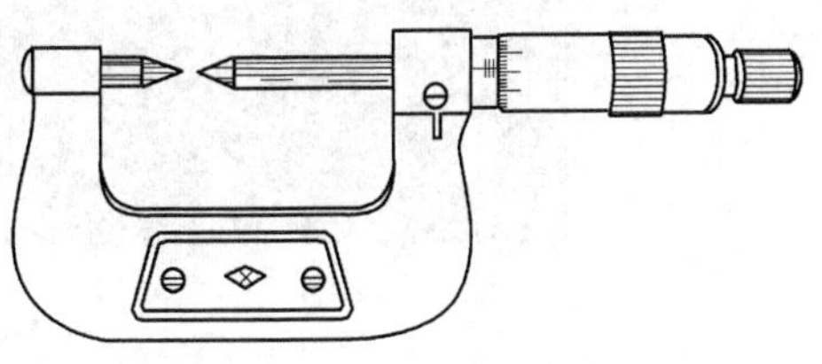
图 4-16　尖头千分尺

（6）公法线千分尺　如图 4-17 所示，公法线千分尺是用来测量齿轮公法线长度的，它的结构与普通千分尺相似，只是用两个平面精确的圆盘代替了原来的测量面，公法线千分尺的使用方法如图 4-18 所示。

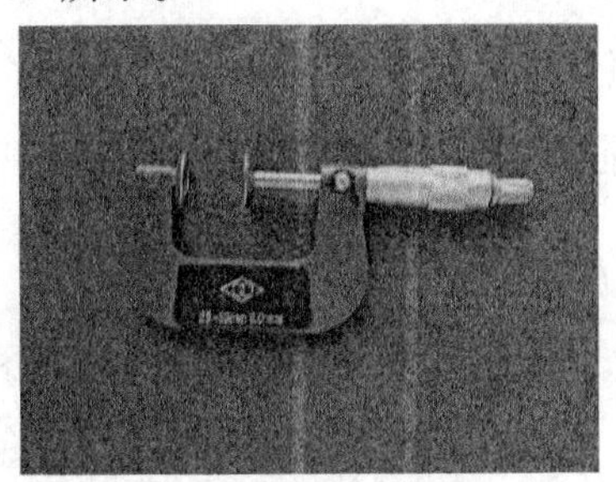
图 4-17　公法线千分尺

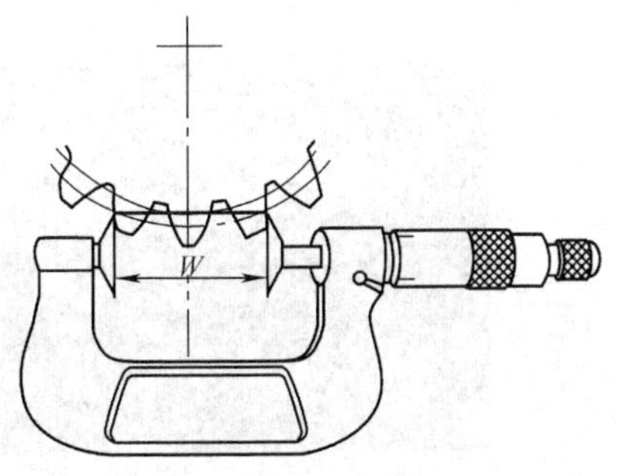

图 4-18　公法线千分尺的使用方法

测量实践课题一　千分尺测量基本技能

一、训练目标

1）了解千分尺的结构、用途及常用种类。

2）掌握千分尺的分度原理和读数方法。

3）能熟练使用千分尺对典型工件进行测量。

二、综合练习：用千分尺测量阶梯轴的尺寸

1. 工件图样

测量阶梯轴上标注的长度和外径，如图 4-19 所示。

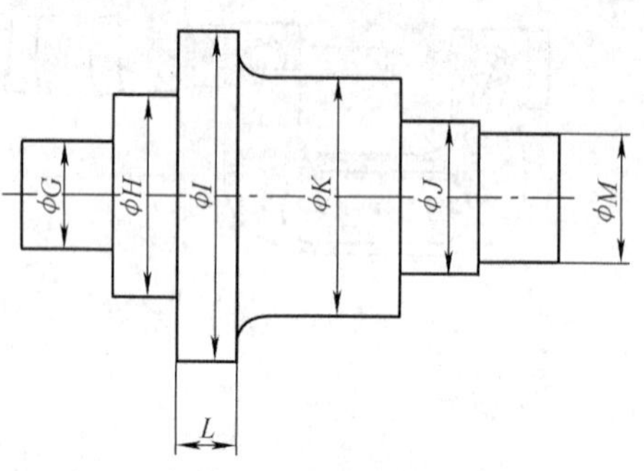

图 4-19　阶梯轴

2. 测量方法

1）使用前要对外径千分尺进行检验，看是否已调零。

2）去除工件上的毛刺及污物。

3）测量外径尺寸 G 时，左手持千分尺的绝缘柄部分，右手持千分尺，调得大于待测尺寸 G 备用。测量时，以千分尺固定测砧靠住工件，右手旋转棘轮，直至发出声响为止，即可读出数据，如图 4-20 所示。

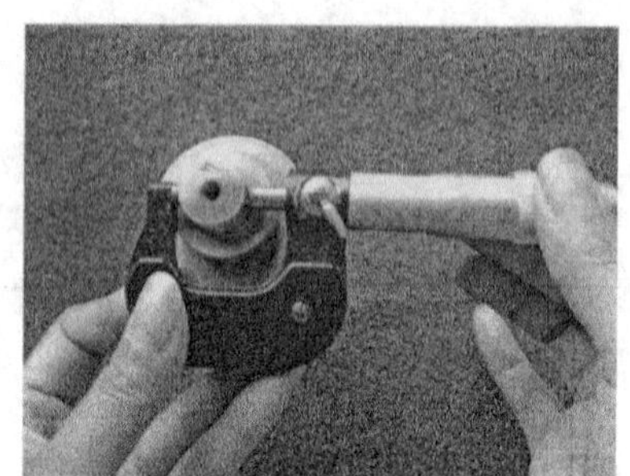

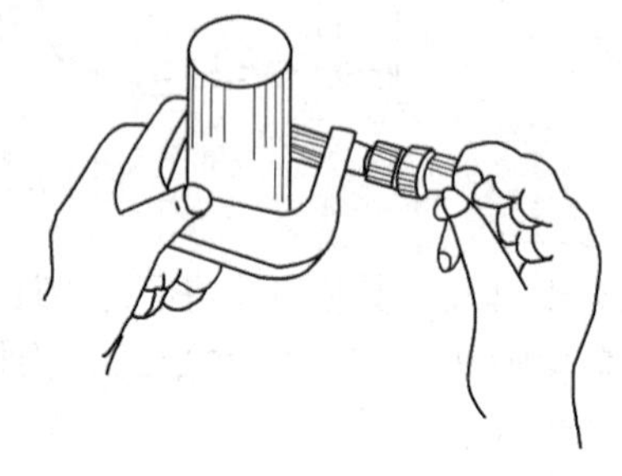

图 4-20　测量外径尺寸 G

4）测量长度尺寸 L 时，千分尺测量轴线要与工件被测长度方向相一致，不要歪斜，如图 4-21 所示。

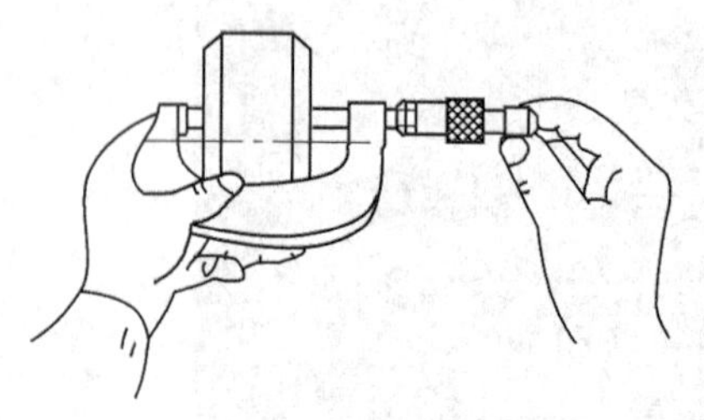

图 4-21　测量长度尺寸 L

5）测量外径尺寸时，为了保证测量的准确性，应旋转工件，找出较大测量误差。

3. 注意事项

1）每次使用前，要检查千分尺是否正常，是否在零位，并要求量具与工件干净清洁。

2）使用千分尺，当接近被测尺寸时，不要拧微分筒，而应拧棘轮。

3）测量时拧紧力不要过大，否则测量结果会偏小。

4）测量后，不要将千分尺从工件上抽下读数，以免量具测量面磨损及产生测量误差。

4. 思考题

1）使用千分尺时应注意哪些问题?

2）用外径千分尺测量直径时容易出现哪些误差?

模块二　内径指示表

内径指示表由指示表和专用表架组成，用于测量孔的直径和孔的几何误差，特别适宜进行深孔的测量。

1. 内径指示表的结构

内径指示表的结构如图4-22所示。

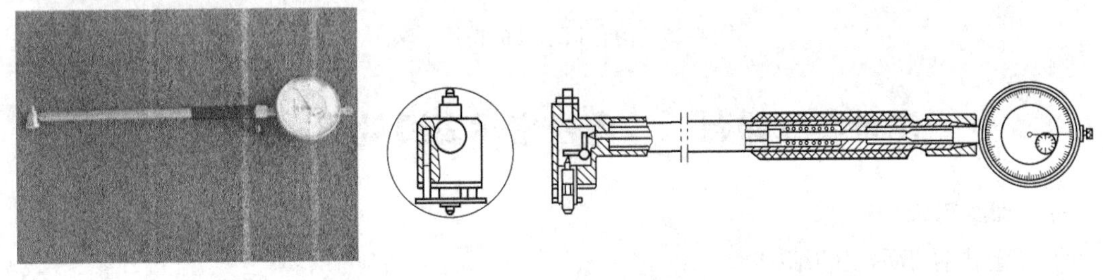

图4-22　内径指示表

2. 内径指示表的工作原理

活动测头的移动可通过杠杆系统传给指示表，内径指示表的两测头放入被测孔径内，位于被测孔径的直径方向上，可由定位装置来保证。定位装置借助于弹簧的推力始终与被测孔径接触，从而保证与其接触点的连线和直径是垂直的。

3. 内径指示表的使用方法

内径指示表用来测量圆柱孔，它附有成套的可调测量头，使用前必须先进行组合和校对零位，如图4-23所示。

组合时，将指示表装入连杆内，使小指针指在0～1的位置上，长针和连杆轴线重合，刻度盘上的字应垂直向下，以便于测量时观察，装好后应予紧固。

粗加工时，最好先用游标卡尺或内卡钳测量。因内径指示表同其他精密量具一样属于贵重仪器，其好坏与精度直接影响到工件的加工精度和使用寿命，粗加工时工件加工表面粗糙不平，易使测头磨损，所以进行精加工时才能使用内径指示表。

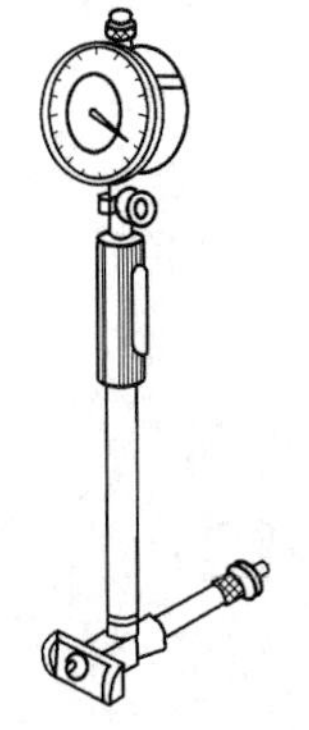

图4-23　内径指示表

测量前应根据被测孔径的大小用外径千分尺调整尺寸，然后才能使用，如图 4-24 所示。在调整尺寸时，应正确选用可换测头的长度及其伸出距离，使被测尺寸在活动测头总移动量的中间位置。

4. 典型工件测量

测量时，连杆中心线应与工件中心线平行，不得歪斜，同时应在圆周上多测几个点，找出孔径的实际尺寸，看其是否在公差范围以内，如图 4-25 所示。

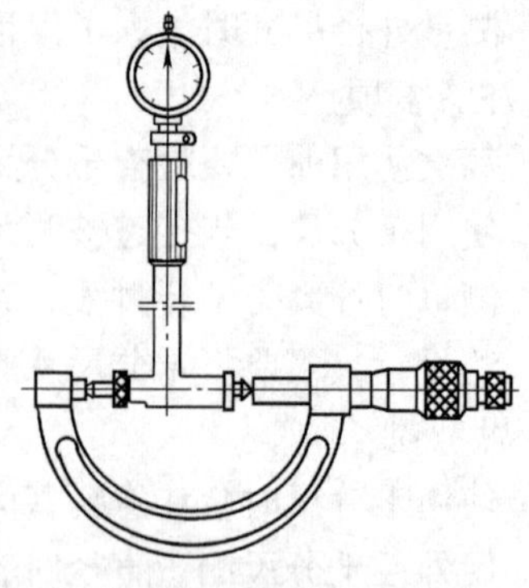

图 4-24　用外径千分尺调整尺寸

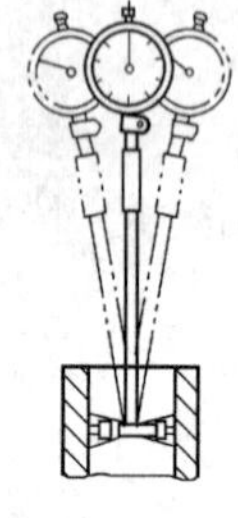

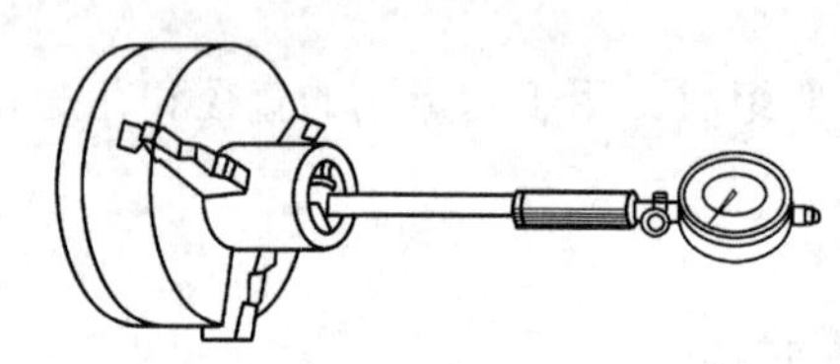

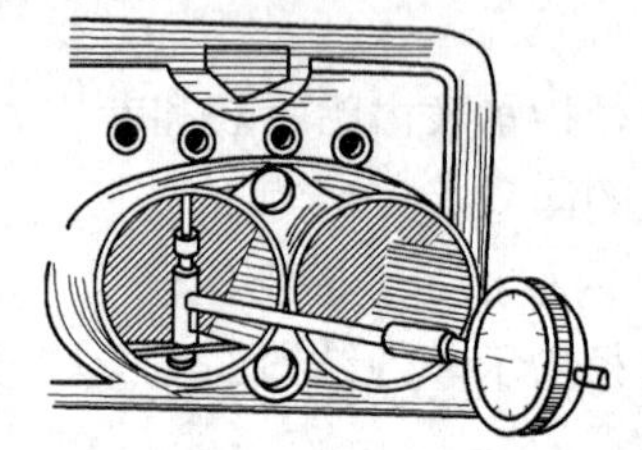

图 4-25　内径指示表的使用方法

测量实践课题二　内径指示表测量基本技能

一、训练目标

1. 了解内径指示表的结构。
2. 了解内径指示表的分类和主要用途。
3. 掌握内径指示表的读数方法和使用方法。
4. 能对典型工件进行测量。

二、综合练习：用内径指示表测量阶梯套的尺寸

1. 工件图样

如图 4-26 所示，要求测量出阶梯套上的所有内径、外径和长度尺寸。

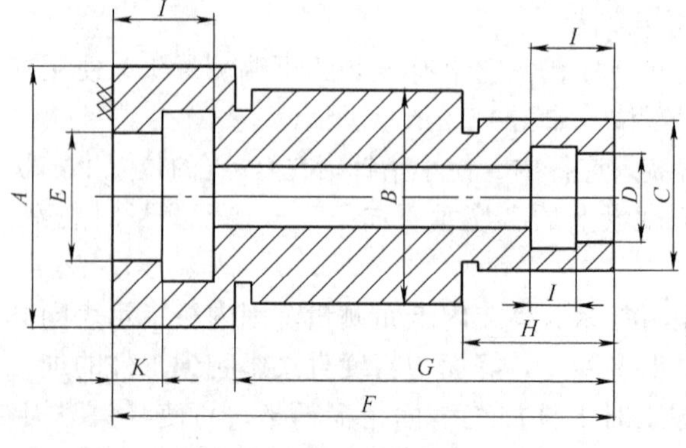

图 4-26　阶梯套

2. 测量方法

1）根据被测孔径的大小正确选择测头，将测头装入测量杆的螺孔内。

2）按被测孔径的公称尺寸选择量块，擦净后组合于量块夹内。

3）将测头放入量块夹内并轻轻摆动，在指示表指针的最小值处将指示表调零。

4）按图 4-27 所示的方法测量孔径，在指示表指针的最小值处读数。

5）在孔深的上、中、下三个截面内及互相垂直的两个方向上进行测量，共测六个位置。

6）根据测量数据，并按公差确定的上极限尺寸与下极限尺寸，判断其合格性。

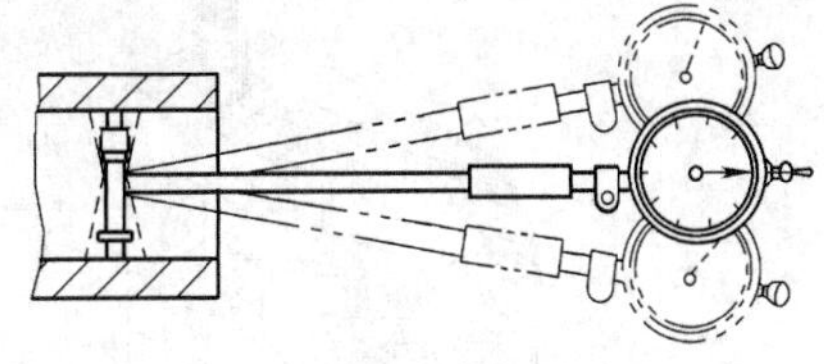

图 4-27　测量孔径的方法

3. 注意事项

1）使用内径指示表测量圆柱孔前，必须先进行组合和校对零位。

2）内径指示表主要用于精加工时的测量，不能用于粗加工时的测量。

3）测量前应根据被测孔径的大小，正确选用可换测头的长度及其伸出距离，应使被测尺寸在活动测头总移动量的中间位置。

4）测量时，连杆中心线应与工件中心线平行，不得歪斜。

5）在圆周上多测几个点，找出孔径的实际尺寸，看其是否在公差范围以内。

4. 思考题

1）检测孔径的方法有哪些？

2）内径指示表属于哪种测量？

3）使用内径指示表时要注意哪些问题？

模块三　杠杆指示表

杠杆指示表小巧灵活，如图 4-28 所示，常用于在车床、磨床上校正工件的安装位置，或用于小孔的测量，尤其是当指示表放不进去或测量杆无法垂直于工件被测表面时，使用杠杆指示表就会十分方便。

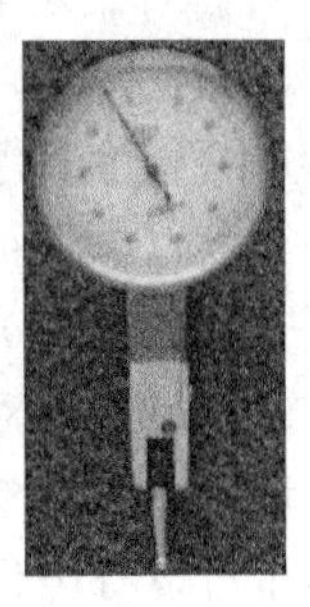

图 4-28　杠杆指示表

1. 杠杆指示表的结构

杠杆指示表的结构如图 4-29 所示。

2. 杠杆指示表的工作原理

杠杆测头发生位移时，带动扇形齿轮绕其轴摆动，使与其咬合的齿轮转动，从而带动与齿轮同轴的指针偏转，当杠杆测头的位移为 0.01mm 时，杠杆齿轮传动机构使指针正偏转一格。

3. 杠杆指示表的使用方法

1）杠杆指示表应固定在可靠的表架上，测量前必须检查杠杆指示表是否夹牢。

2）测量时，不准用工件撞击测头，以免影响测量精度或撞坏杠杆指示表。

3）测量杆上不要加油，以免油污进入表内，影响杠杆指示表的灵敏度。

4）杠杆指示表的测量杆轴线与被测工件表面的夹角越小，误差就越小。如果由于测量需要，α 角无法调小时（$\alpha > 15°$），其测量结果应进行修正。如图 4-30 所示，当平面上升距

离为 a 时，杠杆指示表摆动的距离为 b（也就是杠杆指示表的读数为 b），因为 $b>a$，所以指示读数增大。具体修正计算式如下：

$$a=b\cos\alpha$$

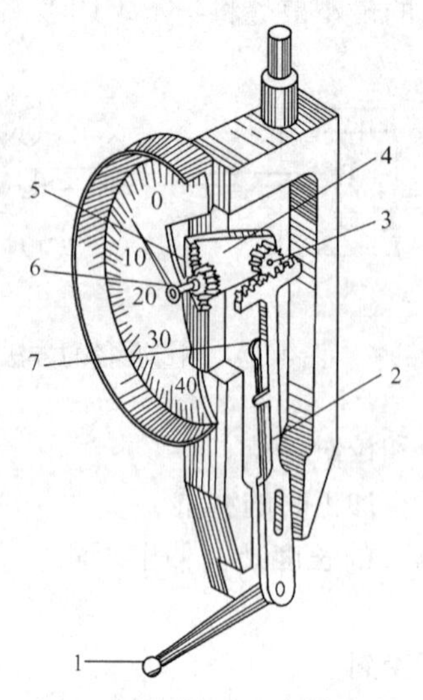

图 4-29　杠杆指示表的结构
1—球面侧杆　2—扇形齿轮　3—圆柱齿
4—端面齿轮　5—小齿轮　6—指针　7—扳手

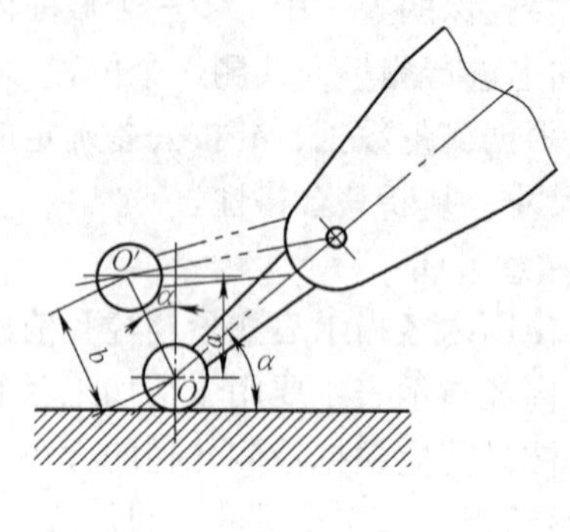

图 4-30　用杠杆指示表测量杆轴线位置引起的测量误差

【例 4-3】　用杠杆指示表测量工件时，测量杆轴线与工件表面的夹角 α 为 30°，测量读数为 0.048mm，求正确测量值。

解　$a=b\cos\alpha=0.048\text{mm}\times\cos30°$

$=0.048\text{mm}\times0.866=0.0416\text{mm}$

4. 杠杆指示表应用实例

（1）检查平行度　杠杆指示表体积较小，适合于检查零件上孔的轴心线与底平面的平行度，如图 4-31 所示。将工件放在平台上（底平面向下），使测头与 A 端孔表面接触，左右慢慢移动表座，找出工件孔径最低点，调整指针至零位，将表座慢慢向 B 端推进。也可以将工件转换方向，再使测头与 B 端孔表面接触，A、B 两端指针最低点和最高点在全程上读数的最大差值，就是全部长度上的平行度误差。

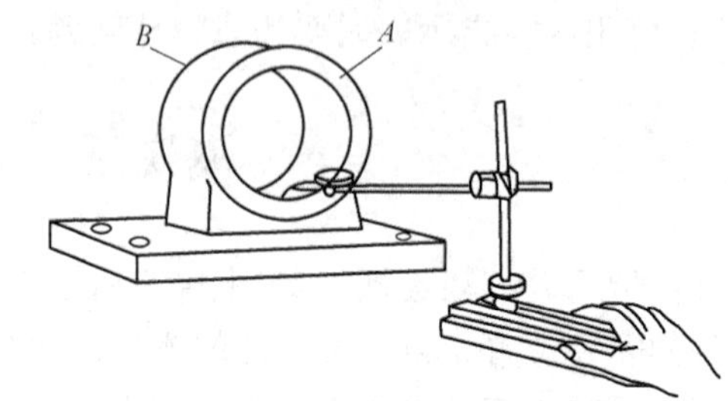

图 4-31　孔的轴心线与底平面平行度的检验方法

（2）检验圆跳动　如图 4-32 所示，以内孔为基准时，可以把工件装在两顶尖的心轴上，用杠杆指示表检验。杠杆指示表在工件转动一周时的读数，就是工件的圆跳动。以外圆为基准时，把工件放在 V 形架上，用

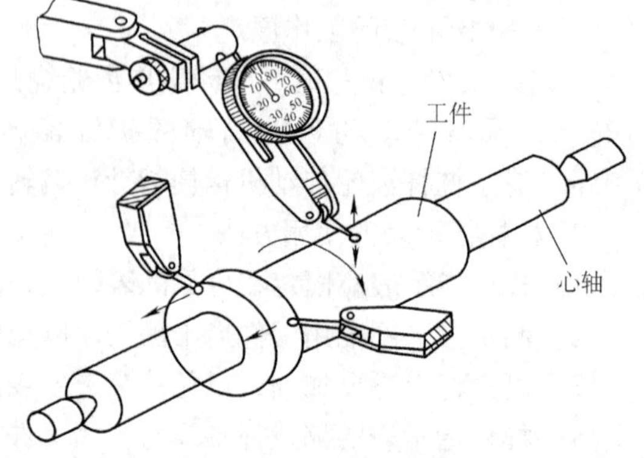

图 4-32　在心轴上检验圆跳动

杠杆指示表检验。这种方法可用于测量不能安装在心轴上的工件。

测量实践课题三　杠杆指示表测量基本技能

一、训练目标

1）了解杠杆指示表的结构。

2）了解杠杆指示表的分类和主要用途。

3）掌握杠杆指示表的读数方法和使用方法。

二、综合练习：用杠杆指示表测量轴套的尺寸

1. 工件图样

如图4-33所示，要求测量出衬套上的所有内径、外径和长度尺寸，并检测内孔圆跳动。

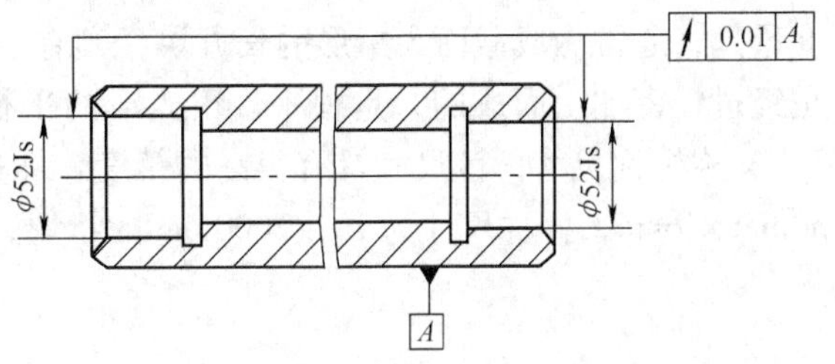

图4-33　衬套

2. 测量方法

1）把工件放在V形架上，如图4-34所示。

2）将杠杆指示表固定在可靠的表架上，测量前必须检查杠杆指示表是否夹牢。

3）将测头与内孔表面接触，慢慢移动表座，找出工件孔径在百分表指针的最小示值处，将指示表调零。

4）用杠杆指示表在工件内孔表面转一周的读数，就是工件的圆跳动。

5）用杠杆指示表在工件不同内孔表面处反复测量，其最大值即为该工件内孔的圆跳动。

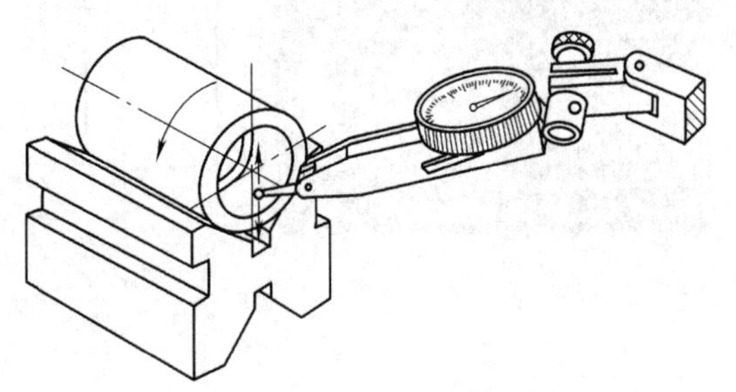

图4-34　用杠杆指示表检验圆跳动

6）根据测量数据，判断其合格性。

3. 注意事项

1）使用杠杆指示表测量前，必须先进行组合和校对零位。

2）杠杆指示表主要用于精加工时的测量，不能用于粗加工时的测量。

3）测量时，不要撞击测头，以免影响测量精度或撞坏杠杆指示表。

4）测量杆上不要加油，以免油污进入表内，影响杠杆指示表的测量精度。

4. 思考题

1）杠杆指示表的用途有哪些？

2）如何使用杠杆指示表？

3）使用杠杆指示表时要注意哪些问题？

第五单元　量块和量规

模块一　长度标准量块

一、量块的用途、结构形式和精度等级

1. 量块的形状、尺寸系列

如图 5-1 所示，量块是以两个相互平行的测量面之间的距离来确定工件长度的一种高精度量具，通常做成截面为矩形的长方块，具有上、下测量面和四个非测量面，上、下测量面是经过精密加工而成的，是很平、很光滑的平行平面。两平行平面之间的距离为工作尺寸 L，又称标称尺寸，该尺寸具有很高的精度。标称尺寸为 0.5～10mm 的量块，其截面尺寸为 30mm×9mm；标称尺寸为 10～1000mm 的量块，其截面尺寸为 35mm×9mm。

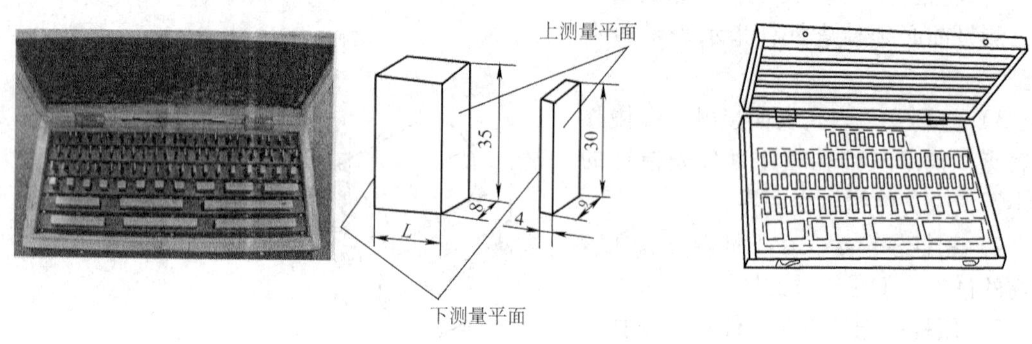

图 5-1　量块的形状

2. 量块的用途

量块除作为长度基准进行尺寸传递外，还广泛用于检定和校准量具和量仪。相对测量时用于调整仪器的零位，有时也直接用于检测零件或者用于机械加工中的精密划线和精密机床调整。

3. 量块的精度等级

量块分为 0、1、2、3、4 五个精度等级。0 级供计量部门用作长度基准，1、2 级供企业计量室使用，3、4 级供车间工作时使用。

二、量块的尺寸组合及使用方法

1. 量块的尺寸组合

为了减少量块组合的累积误差，使用量块时应尽量减少使用的块数，一般不超过 5 块。选用量块时，应根据所需组合的尺寸，从最后一位数字开始选择，每选一块，应使尺寸数字

的位数减少一位，依此类推，直至组合成完整的尺寸。

例如，有一套量块（含46块），在校对某量具的尺寸时需用95.552mm的量块组，取5块量块进行组合，量块组实际尺寸的计算过程如下：

所需量块组的尺寸：95.552mm

选第一块量块的尺寸：1.002mm

余数：94.55mm

选第二块量块的尺寸：1.05mm

余数：93.50mm

选第三块量块的尺寸：1.50mm

余数：92.00mm

选第四块量块的尺寸：2.00mm

余数：90mm

选第五块量块的尺寸：90mm

余数：0mm

共选五块量块，其尺寸分别为1.002mm、1.05mm、1.50mm、2.0mm、90mm。

2. 使用方法

量块选好后，在组合前选用航空汽油或苯洗净表面的防锈油，并用鹿皮或软绸将各面擦干，然后用推压的方法将量块逐块研合，具体方法如图5-2所示。

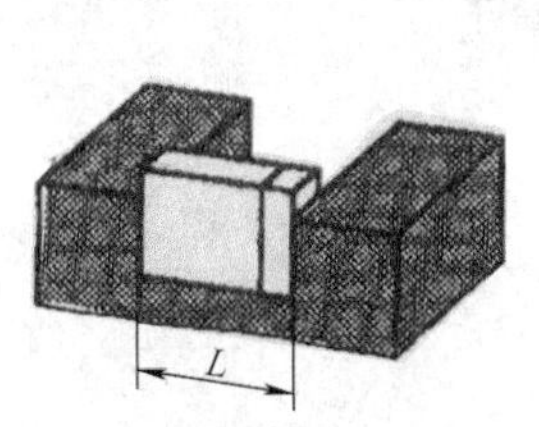

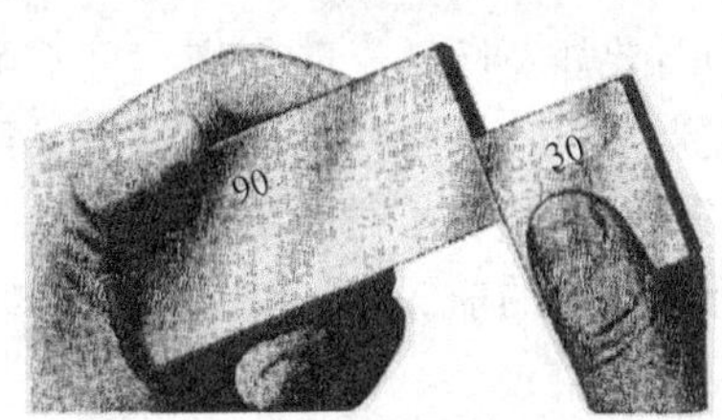

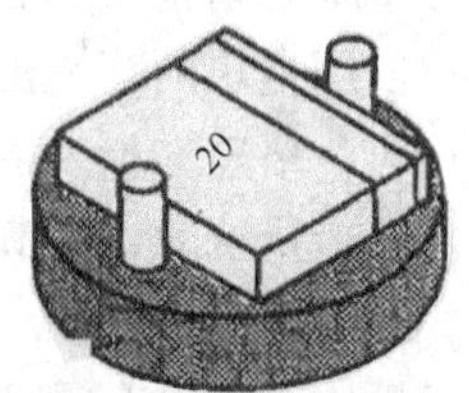

图5-2 量块的使用方法

三、量块的维护保养

1）量块是用于保存和传递长度单位的基准，只允许用于检定计量器具、精密测量、精密划线和精密机床调整。

2）拼凑成量块组时，应使其刻字面朝外。

3）用完量块后，应用航空汽油洗净，并涂以不含水、不带酸性的防锈油，放回盒内固定位置。

4）要定期检查量块。

5）在研合量块组时，可以在研合面上放少许航空汽油。

测量实践课题一 量块使用技能

一、训练目标

1）了解量规的分类方法。

2）掌握量规的使用方法。

3）掌握量规的使用技能。

二、综合练习：用量块测量工件的尺寸

1. 测量原理

如图 5-3 所示，被测件的实际尺寸 L 等于量块的实际尺寸加上测得的偏差值，即

$$L = L_{块实} + \Delta L_{测}$$

式中 L——被测件的实际尺寸（mm）；

$L_{块实}$——量块的实际尺寸（mm）；

$\Delta L_{测}$——测得的偏差值（mm）。

其中，$L_{块实} = L_{块基} + \Delta L$，$\Delta L$ 为量块的修正值，所以 $L = L_{块基} + \Delta L + \Delta L_{测}$。

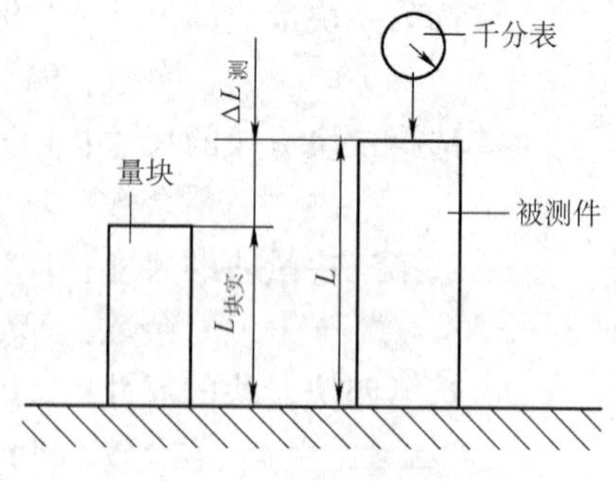

图 5-3 测量原理

2. 测量方法

1）根据被测工件选择相应的量块，查表确定量块的修正值。

2）把千分表表头、测杆、测头和套筒进行牢固的组合，并校正零位。

3）使千分表测杆与被测工件表面垂直，在千分表上读出工件的测量偏差。

4）通过 $L = L_{块基} + \Delta L + \Delta L_{测}$ 计算出所测工件的实际尺寸。

3. 注意事项

1）量块是精密量具，使用时要注意防锈、防划伤，且不可撞击。

2）使用量块的环境温度应当与检定该量块的环境温度一致。

3）应严格遵守量块的检定规程，不要长时间拿于手中。

4）选择量块时，在满足所需尺寸的前提下，块数越少越好。

4. 思考题

1）量块的用途有哪些？

2）用 83 块量块组成 26.895mm。

3）已知量块的基本尺寸、修正尺寸和测量偏差，试计算被测零件相对于量块基本尺寸的偏差值和实际尺寸。

① $L_{块基} = 7.5\text{mm}$，$\Delta L = -1.3\text{mm}$，$\Delta L_{测} = 14\text{mm}$。

② $L_{块基} = 1.9\text{mm}$，$\Delta L = +1.1\text{mm}$，$\Delta L_{测} = -21\text{mm}$。

模块二 角度量块

1. 角度量块的形成及精度

（1）角度量块的形成 角度量块是基础量具，它与长度量块有类似的作用。可以单独使用，也可以数块组合拼成所需角度，用来检验各种角度量仪和精密零件的角度。

（2）角度量块的精度 角度量块的精度分为 1 级和 2 级两种，其工作角的偏差 1 级精度为 ±10′，2 级精度为 ±30′。

2. 角度量块的组合

成套的角度量块由 36 块或 94 块组成，每套包括两种形状不同的角度量块。一部分为三

角形，只有一个工作角；另一部分为四角形，具有四个工作角，如图 5-4 所示。工作角度的公称值见表 5-1。

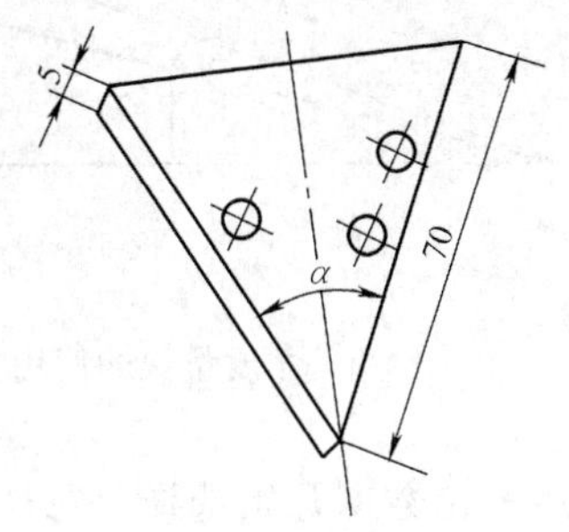

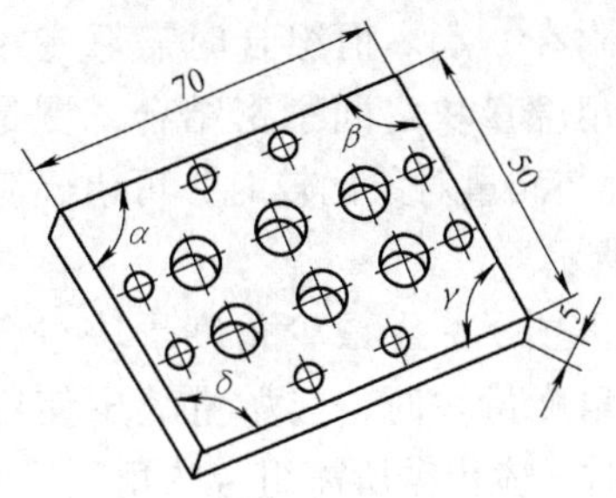

图 5-4　角度量块

表 5-1　工作角度的公称值

角度量块的类型	工作角度的分度值	工作角度的公称值	分度块数
具有一个工作角度（α）的量块	1°	10° ~ 79°	70
	10′	15°10′ ~ 15°50′	5
	1′	15°01′ ~ 15°09′	9
		10°00′30″	1
具有四个工作角度（α、β、γ、δ）的量块		80°、81°、100°、90°	1
		82°、83°、98°、97°	1
		84°、85°、96°、95°	1
		86°、87°、94°、93°	1
		88°、89°、92°、91°	1
		89°10′、89°20′、90°50′、90°40′	1
		89°30′、89°40′、90°30′、90°20′	1
		89°50′、89°59′30″、90°10′、90°00′30″	1
		90°、90°、90°、90°	1
具有一个工作角度（α）的量块	10°	30° ~ 70°	5
	1°	10° ~ 20°	11
	10′	15°10′ ~ 15°50′	5
	1′	15°01′ ~ 15°09′	9
		10°00′30″	1
		45°	1
具有四个工作角度（α、β、γ、δ）的量块		89°10′、89°20′、90°50′、90°40′	1
		89°30′、89°40′、90°50′、90°40′	1
		89°50′、89°59′30″、90°10′、90°00′30″	1
		90°、90°、90°、90°	1

3. 使用方法

（1）角度量块的使用方法　角度量块具有研合性，即将角度量块压向另一角度量块时，测量面间能相互吸附在一起。但组合时需靠专用附件夹住，以保证角度量块之间紧密结合，测量范围为10°~350°。与测量对象比较时，可借光隙法进行，如图5-5所示。

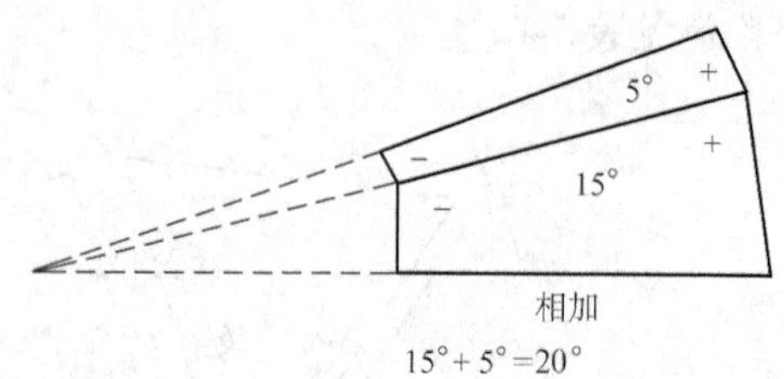

图5-5　角度量块的使用方法

（2）注意事项　为了减少角度量块组合的累积误差，使用角度量块时，应尽量减少使用的块数。选用量块时，应根据所需组合的角度尺寸，从最后一位数据开始选择，每选一块，应使角度数字的位数减少一位，依此类推，直至组合成完整的角度。

（3）角度量块的应用实例　与平行量块相反，角度量块的测量面可以构成各种不同的角度。

量块高的一面用“+”标出，低的一面是用“−”标出，如图5-6所示。

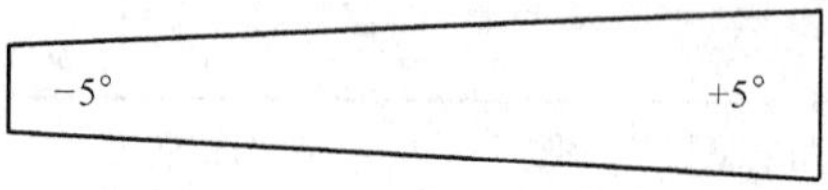

采用这种标定方法是因为在拼装各种不同的角度时，有时要用加法，有时则用减法。

图5-6　5°的角规

下面用一个30°和5°的角规加以说明。

1）加法：把两个角度量块带“+”的一面互相迭加在一起，如图5-7所示。

角度可由加法得出（30°+5°=35°），可以正常读出来的数字就是有效数字。

2）减法：把两个角度量块带“+”的一面和带“−”的一面互相迭加在一起，如图5-8所示。

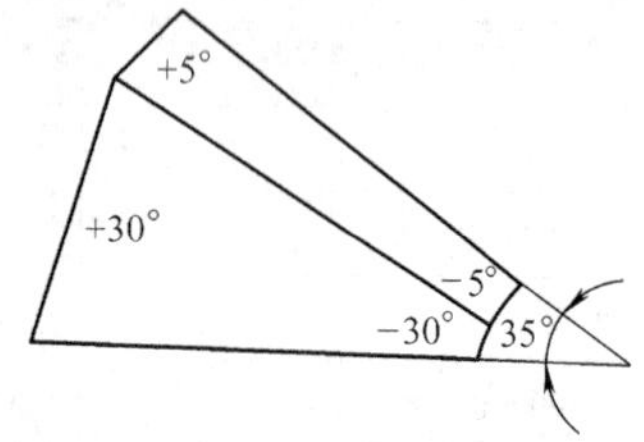

图5-7　角度量块的迭加（加法）

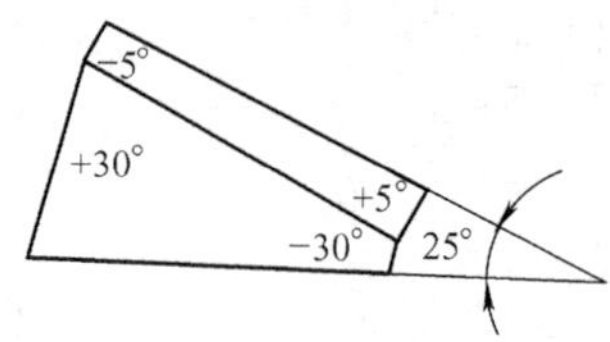

图5-8　角度量块的迭加（减法）

用减法可以求出角度，即30°−5°=25°。

利用上述组合办法就可以用几个角度量块组合出多种精确的角度。

测量实践课题二　检测工件的楔角

1. 工作图样

检测如图5-9所示工件的楔角。

2. 检测方法

1）首先根据被检测角$\alpha<1°15'$，进行量块的组合。

2）将用角度量块组成的量块组放在检测平台上，如图 5-10 所示。

3）用千分表检测角度量块两点，如图 5-11 所示。如果千分表指针只有微小的偏移（0.01 ~ 0.02mm)，这时角度量块所指示的才是实际角度。

4）评定测量结果，判断一下所测角度是否在公差范围之内。

3. 注意事项

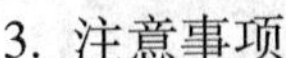

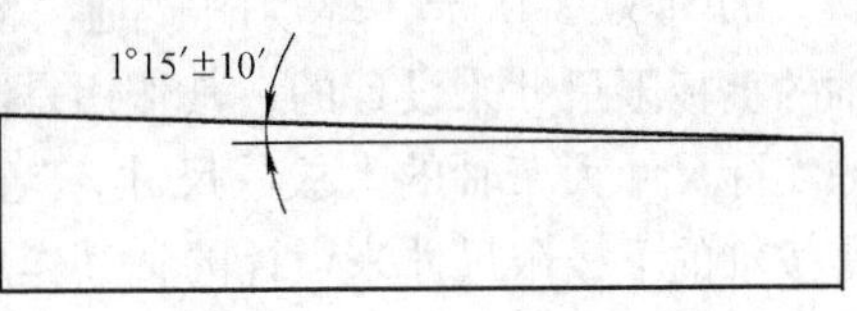

图 5-9 工件的楔角

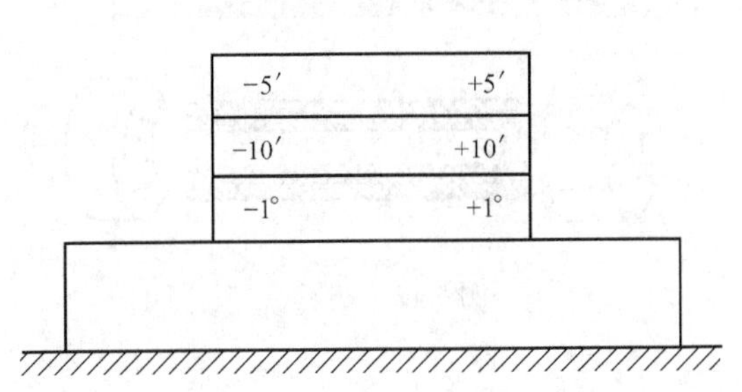

图 5-10 将角度量块组成的量块组放在检测平台上

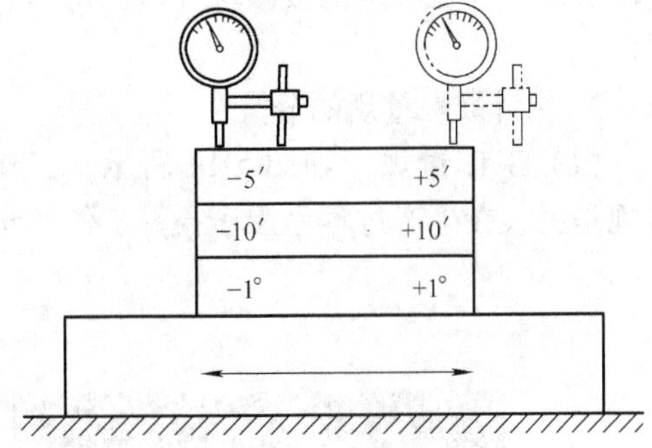

图 5-11 检测过程

1）选择角度量块时，在满足所需角度尺寸的前提下，块数越少越好。

2）使用时要注意防锈，防划伤，不可撞击。

3）注意温度的变化。

4）在移动角度量块时，应平稳移动。

5）注意千分表的使用方法。

4. 思考题

1）怎样用加法拼装由角度量块组成的角?

2）用哪些角度量块能够组成 26°34′的角，并列出计算式。

模块三 量规的使用技能

一、光滑极限量规

光滑极限量规是一种没有刻线的专用量具。用它检验工件时，不能测出工件上实际尺寸的具体数值，只能确定工件的实际尺寸是否在规定的极限尺寸范围内，从而判断工件是否合格。

1. 塞规

如图 5-12 所示，塞规的“通”端是按孔的下极限尺寸来设计的，其作用是防止孔的实际尺寸小于孔的下极限尺寸；“止”端是按孔的上极限尺寸来设计的，其作用是防止孔的实际尺寸大于孔的上极限尺寸。

2. 环规

如图 5-13 所示，环规的“通”端是按轴的上极限尺寸来设计的，其作用是防止轴的实际尺寸大于轴的上极限尺寸；“止”端是按轴的下极限尺寸来设计的，其作用是防止轴的实际尺寸小于轴的下极限尺寸。

检验时，如果“通”端通过工件上的轴或孔，而“止”端通不过，表明该轴或孔的实际尺寸在规定的极限尺寸范围内是合格的。

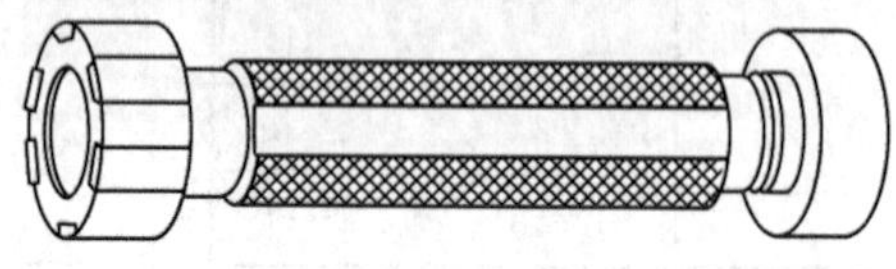

图 5-12　塞规

3. 光滑极限量规的分类

（1）工作量规　如图 5-14 所示，工作量规是工人在生产过程中用于检验工件的量规。

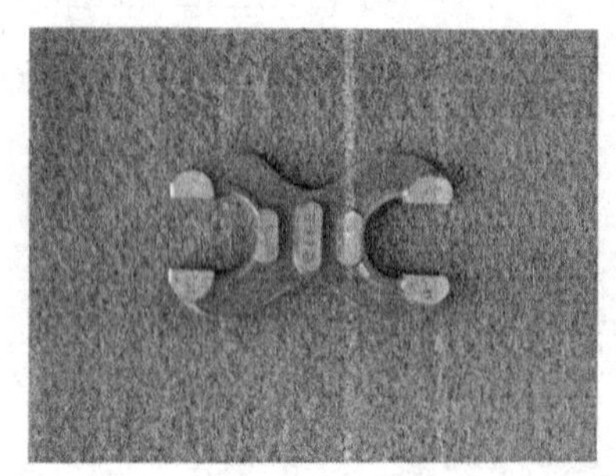

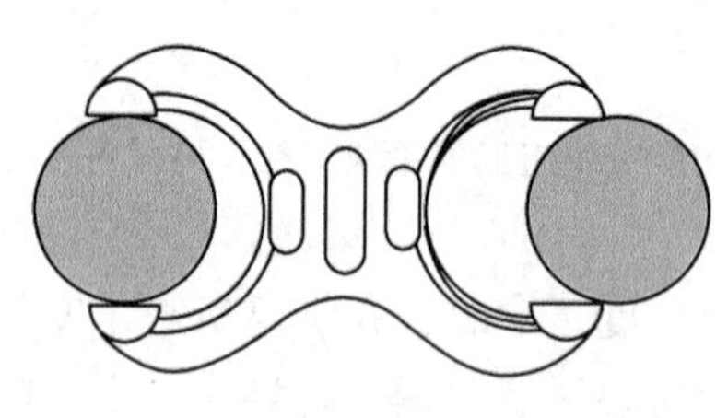

图 5-13　环规

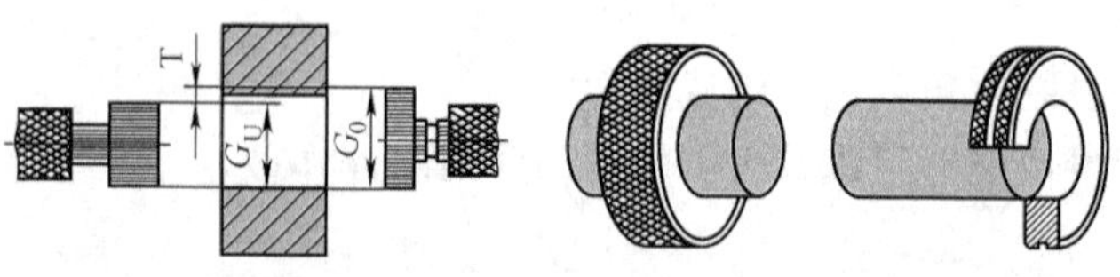

图 5-14　工作量规

1）通规用“T”表示，基本尺寸等于被测零件的最小实体尺寸（对孔为 D_{min}，对轴为 d_{max}）。

2）止规用“Z”表示，基本尺寸等于被测零件的最小实体尺寸（对孔为 D_{max}，对轴为 d_{min}）。

（2）验收量规　验收量规是检验部门或用户在验收产品时使用的量规，验收量规的形式和基本尺寸与工作量规相同。为了在生产中严格控制产品质量，尽量减少误收，同时在检验时可以最大限度地接受合格产品，标准规定：

1）操作工人应使用新的或磨损较少的通规。

2）检验部门应使用磨损较多的通规。

3）用户代表在用量规验收产品时，通规应接近工件的最大实体尺寸，止规应接近工件的最小实体尺寸。

（3）校对量规　校对量规是用于校对轴用工作量规的量规。因为工作量规在制造或使用过程中常会发生碰撞、变形，且通规在使用过程中经常通过零件容易磨损，所以必须进行定期校对。孔用工作量规能方便地使用通用量仪测量，所以未规定校对量规，而轴用工作量规规定了校对量规，见表5-2。

表5-2　校对量规

名称	代号	被检参数	合格标志
校通一点	TT	轴用工作量规通端最小极限尺寸	通过
校止一通	ZT	轴用工作量规止端最小极限尺寸	通过
校通一损	Ts	磨损极限	不通过

4. 光滑极限量规的使用方法及注意事项

1）光滑极限量规是没有刻线的专有定值量具，因而在使用时一定要使量规标记的基本尺寸、公差代号与工件的基本尺寸、公差代号相同，否则不能得到正确的检验结果。

2）要注意采用正确的方法。使用塞规时要使塞规工作部分的轴线与被检验孔的轴线保持同轴，以免产生检验误差。如图5-15所示，要保证量规与工件间合适的接触力，否则会因工件与量规的弹性变形而影响检验结果。

3）检验时要保持量规工作面与被检工件表面的洁净，以免因铁屑、尘粒等杂质而影响检验结果。

4）量规在使用时应轻拿轻放，以免碰伤工作面而影响精度。

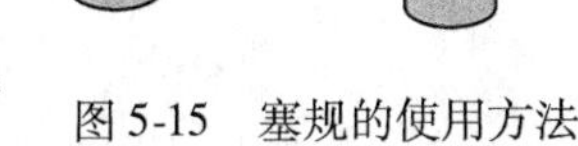

图5-15　塞规的使用方法

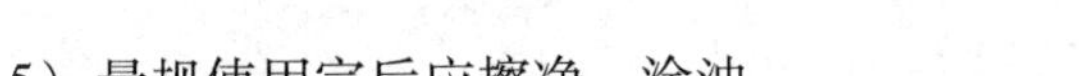

5）量规使用完后应擦净、涂油。

二、螺纹量规

用螺纹量规可对螺纹各基本参数进行综合性检验。螺纹量规包括螺纹塞规和螺纹环规，如图5-16所示的螺纹塞规，用来检验内螺纹。如图5-17所示的螺纹环规，用来检验外螺纹。

图5-16　螺纹塞规

图5-17　螺纹环规

1. 螺纹环规的使用方法

（1）通端螺纹环规（T）　主要用来检验外螺纹的作用中径（d_2），其次控制外螺纹小径不超出其上极限尺寸（d_{1max}），属于综合检验量规。因此，通端螺纹环规应有完整的牙型，其长度等于被检螺纹的旋合长度。合格的外螺纹都应被通端螺纹环规顺利地旋入，这样就保证了外螺纹的作用中径不超出最大实体牙型的中径，即 $d_2 \leqslant d_{2max}$，还保证外螺纹小径不大于它的上极限尺寸（$d_1 \leqslant d_{1\max}$）。

（2）止端螺纹环规（Z）　只用来检验外螺纹的单一中径。为了尽量减少螺距误差的影响，必须使环规的中径部位与被检验的外螺纹接触，因此止端螺纹环规的牙型应做成截短的不完整的形式，并将止端螺纹环规的长度限制在 2 ~ 3.5 牙。合格的外螺纹不应完全通过止端螺纹量规，但仍允许旋合一部分。这些没有完全通过止端螺纹环规的外螺纹，说明其单一中径没有超出最小实体牙型的中径。即 $d_2 \geqslant d_{2\min}$，如图 5-18 所示。

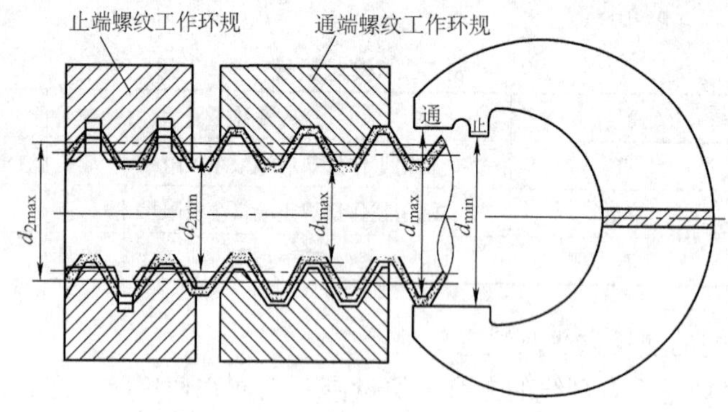

图 5-18　螺纹环规的使用方法

（3）注意事项

1）螺纹环规旋向外螺纹工件时，注意不要歪斜，如图 5-19 所示。

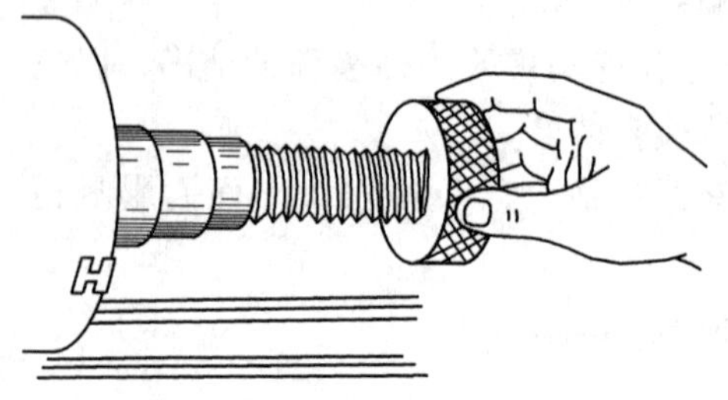

图 5-19　螺纹环规的操作方法

2）在检验中，应尽量避免长期用手握着量规进行工作。

3）用通规、止规检查螺纹时，用于拧动环规的力应适当，不允许强行拧紧，以免损坏量规。

2. 螺纹塞规的使用方法

（1）通端螺纹塞规（T）　主要用来检验内螺纹的作用中径（D_2），其次是控制内螺纹大径不超出其下极限尺寸，它也是综合检验量规。因此，通端螺纹塞规应有完整的牙型，其长度等于被检螺纹的旋合长度，合格的内螺纹应被通端螺纹塞规顺利地旋入，这样就保证了内螺纹的作用中径不超出最大实体牙型的中径，即 $D_2 \geqslant D_{2\min}$，同时也保证了内螺纹的大径不小于其下极限尺寸。

（2）止端螺纹塞规（Z）　只用来检验内螺纹的单一中径。为了尽量减少螺距误差和牙侧角误差的影响，止端螺纹塞规的牙型做成截短的不完整的牙型，并将其工作部分的长度限制为 2～3.5 牙。合格的内螺纹不应完全通过止端螺纹塞规，但允许旋合一部分。这些没有完全通过止端螺纹塞规的内螺纹，说明其单一中径没有超出最小实体牙型的中径，即 $D_2 \leqslant D_{2max}$，如图 5-20 所示。

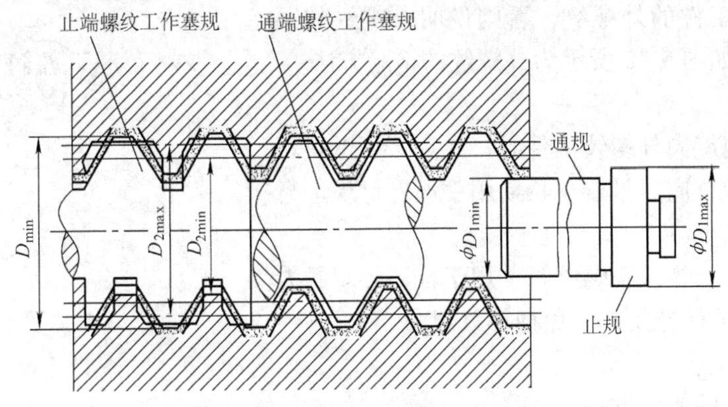

图 5-20　螺纹工作塞规的使用方法

（3）注意事项

1）螺纹塞规旋向内螺纹工件时，注意不要歪斜。

2）在检验中，应尽量避免长期用手握着量规进行工作。

3）最好采用隔热板，以减少温度变化引起的测量误差。

测量实践课题三　用螺纹环规检验螺纹轴

一、训练目标

1）了解量规的分类方法。

2）掌握量规的使用方法。

3）掌握量规的使用技能。

二、综合练习：用螺纹环规检验螺纹轴

1. 工作图样

检验如图 5-21 所示的螺纹轴。

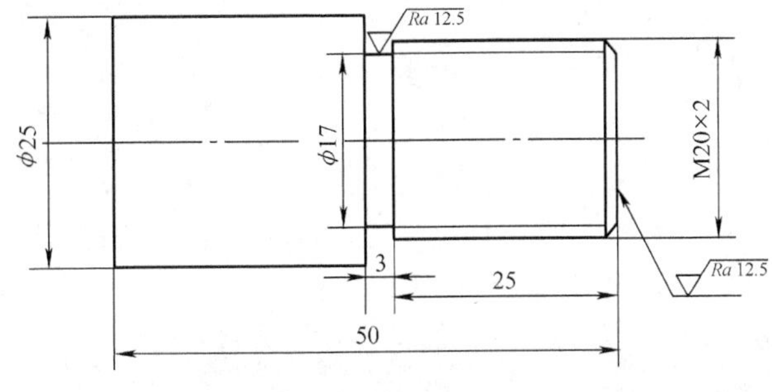

图 5-21　螺纹轴

2. 测量方法

1）用棕刷或钢丝刷清洗被测外螺纹和螺纹环规上的污物，并用抹布擦干净。

2）把螺纹环规放正，用环规通端 T 旋向外螺纹，然后再用环规止端。

3）测量时，用螺纹环规的通端检验工件时，应能顺利旋入，并通过工件全部的外螺纹。而用止端检验时，又不能通过工件的外螺纹，否则说明外螺纹的某项参数不合格。如图 5-22 所示为外螺纹的检验方法。

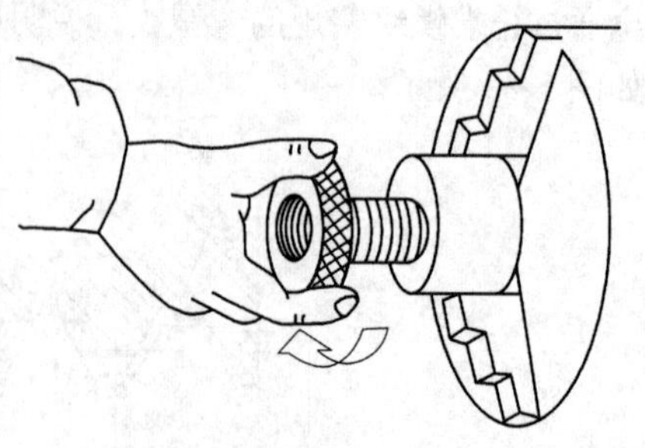

图 5-22　外螺纹的检验方法

3. 注意事项

1）螺纹环规旋向外螺纹工件时，注意不要歪斜。

2）在检验中，应尽量避免长期用手握着量规进行工作。

3）用通规、止规检查螺纹时，用于拧动环规的力应适当，不允许强行拧紧，以免损坏量规。

4. 思考题

1）简述环规的使用方法。

2）简述塞规的使用方法。

3）怎样用环规检验外螺纹？

4）检验外螺纹应注意些什么？

第六单元 正弦规和水平仪

模块一 正弦规的使用技能

1. 正弦规的结构形式和基本尺寸

正弦规是间接测量锥角的常用工具之一，它利用正弦函数原理精确而间接地测量圆锥量规和角度样板。正弦规由制造精度很高的主体和两个圆柱体组成，如图 6-1 所示。正弦规的基本尺寸见表 6-1。

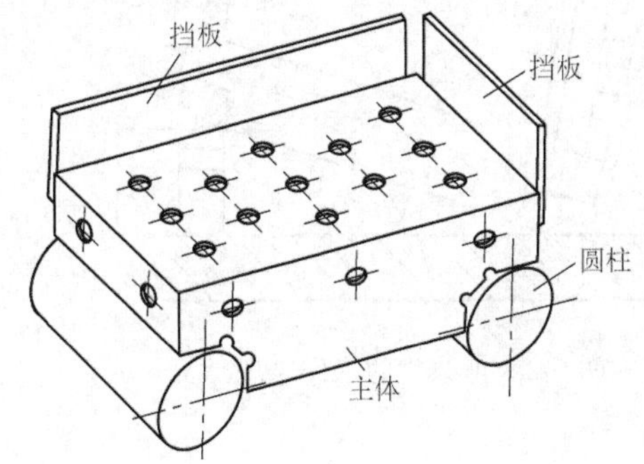

图 6-1 正弦规的结构

表 6-1 正弦规的基本尺寸

形式	精度等级	主 要 尺 寸			
		L	*B*	*d*	*H*
窄型	0 级	100	25	20	30
	1 级	200	40	30	55
宽型	0 级	100	80	20	40
	1 级	200	80	30	55

2. 正弦规的工作原理

如图 6-2 所示，测量时，将正弦规放在平板上，一个圆柱与平板接触，而另一个圆柱下垫以量块组，使正弦规的工作平面与平板间形成一个角度。可得

$$\sin\alpha = \frac{h}{L}$$

式中 α——正弦规放置的角度；

h——量块的尺寸；

L——正弦规两圆柱的中心距。

3. 应用实例

如图6-3所示是用正弦规检测圆锥塞规的示意图。用正弦规检测圆锥塞规时，首先根据被检测圆锥塞规的基本锥角，由 $h=L\sin\alpha$ 计算出量块组尺寸，并组合量块，然后将量块组放在平板上与正弦规的一个圆柱体接触。此时，正弦规主体工作平面相对于平板倾斜 α 角。放上圆锥塞规后，用千分表分别测量圆锥上 a、b 两点。a、b 两点读数之差 n 与 a、b 两点距离 L（可用钢直尺量得）之比即为锥度偏差 ΔC，并考虑正负号，即

$$\Delta C=n/L$$

式中 n、L 的单位为mm。

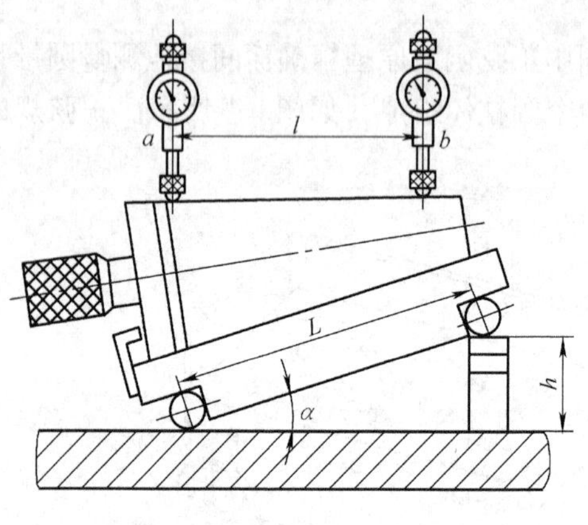

图6-2　正弦规的工作原理

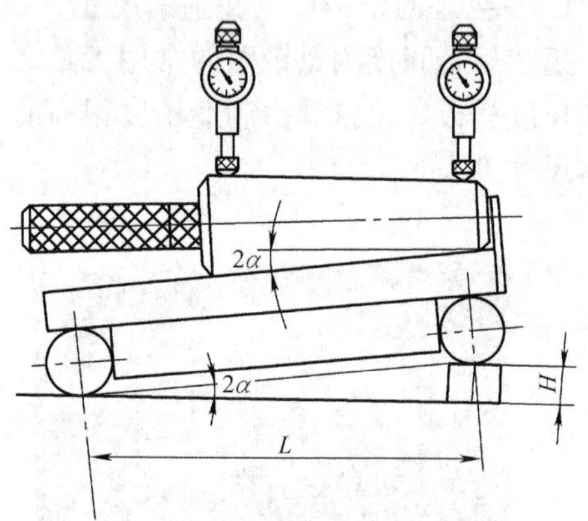

图6-3　用正弦规检测圆锥塞规

锥度偏差乘以弧度对秒的换算系数后，便可求得锥角偏差，即

$$\Delta\alpha=2\Delta C\times10^5$$

用此法也可测量其他精密零件的角度。

测量实践课题一　用正弦规测量 N_{02} 莫氏锥度塞规

一、训练目标

1）了解正弦规的结构形式和基本尺寸。

2）掌握正弦规的工作原理。

3）能用正弦规对工件进行测量。

二、综合练习：用正弦规测量 N_{02} 莫氏锥度塞规

1. 测量要求

1）确定该塞规的锥度误差。

2）确定实际锥角。

2. 测量方法

1）根据被测件的公称锥角组合量块，按图6-3所示方法安装工件和量具。可得

$$H=L\sin2\alpha=100\text{mm}\times\sin2.861332^\circ=100\text{mm}\times0.04992=4.992\text{mm}$$

共选三块量块，其尺寸分别为1.002mm、1.49mm、2.5mm。

2）用千分表在圆锥素线上 a、b 两点处测量（按指示表最大示值读数），a、b 两点读数差 n 与 a、b 两点间距离 L 之比为锥度误差 ΔC，即

$$\Delta C = n/L = 0.010\text{mm}/60\text{mm} = 0.0001667。$$

$$\Delta\alpha = 2\Delta C \times 10^5 = 2 \times 0.0001667'' \times 10^5 = 33.3''$$

3）将工件转过90°，重复上述测量，两次测得误差绝对值大的作为工件的锥角误差。

4）由于 a 点比 b 点高，所以实际锥角比基本锥角大，可得

$$\alpha_{实际} = \alpha_{基本} + \Delta\alpha = 2°51'40.8'' + 33.3'' = 2°52'14.1''$$

3. 注意事项

1）测量前，应检查千分表的测量头、测量杆是否完好，看指针转动是否平稳。

2）测量时，测量杆的中心线要通过被测圆锥塞规的轴线。

3）测量时，不要使测量头突然撞击到被测表面上。

4. 思考题

1）简述正弦规的工作原理。

2）分析用正弦规检测锥角存在误差的原因。

3）测量20°的锥角时如何组合量块尺寸？

模块二　水平仪的使用技能

一、水平仪

1. 水平仪的用途

水平仪是用来测量被测平面相对于水平面的微小倾角的一种计量器具，在机械制造中，常用来检测工件表面或设备的安装情况，如检测机床、仪器的底座、工作台面及机床导轨等的水平情况。

2. 水平仪的结构和规格

（1）条式水平仪　条式水平仪的外形如图6-4所示，它由主体盖板水准器和调控装置组成。在测量面上刻有V形槽，以便放在圆柱形的被测表面上进行测量。规格有200mm和300mm两种。

（2）框式水平仪　框式水平仪的外形如图6-5所示，它由横水准器主体把手、主水准器、盖板和调零装置组成。

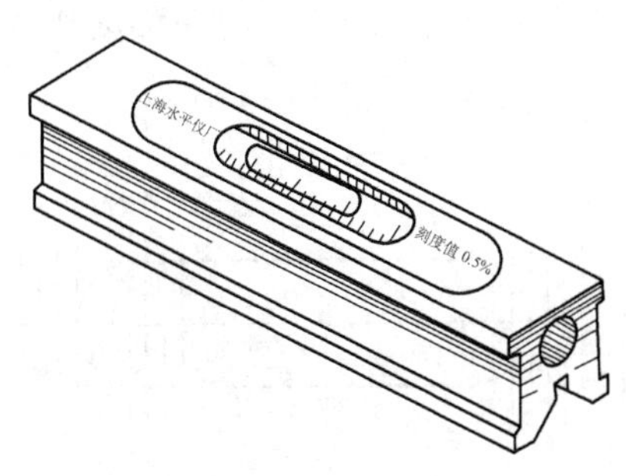

图6-4　条式水平仪

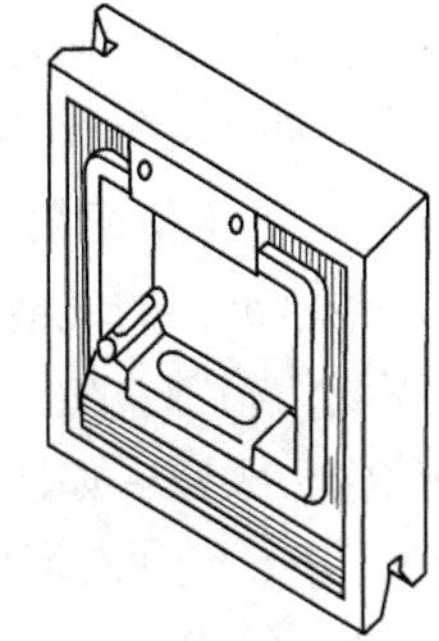

图6-5　框式水平仪

规格有 150mm × 150mm、200mm × 200mm、250mm × 250mm、300mm × 300mm 等，其中 200mm × 200mm 最为常用。

（3）合像水平仪　合像水平仪主要是由水准器、放大杠杆、测微螺杆和光学合像棱镜等组成，如图 6-6所示。

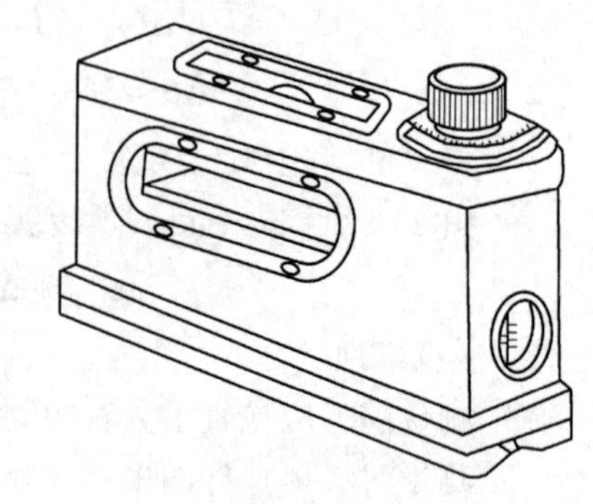
图 6-6　合像水平仪

二、水准式水平仪的工作原理

水准式水平仪的主要工作部分是管状水准器，它是一个密封的玻璃管，其内表面的纵剖面是一个曲率半径很大的圆弧面。管内装有精馏乙醚或精馏乙醇，但未注满，形成一个气泡。玻璃管的外面刻有刻度。不管水准器的位置处于何种状态，气泡总是趋向于玻璃管圆弧面的最高点位置。当水准器处于水平位置时，气泡位于中央。水准器相对于水平面倾斜时，气泡偏向高点一侧，倾斜程度可以从玻璃管外表面上的刻度读出，经过简单的换算，就可得到被测表面相对于水平面的倾斜度和倾斜角，如图 6-7 所示。

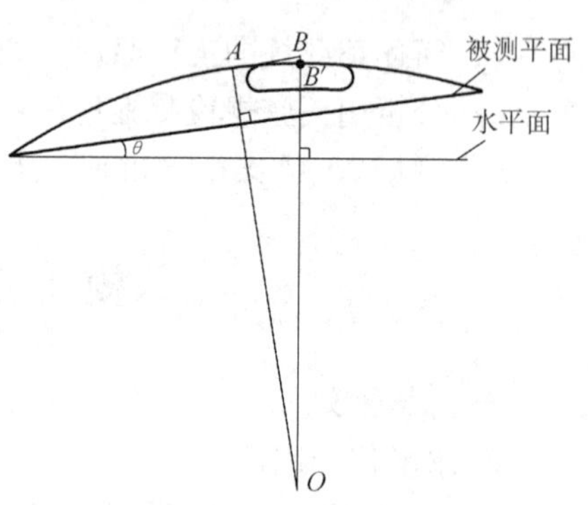

图 6-7　水准式水平仪的工作原理

三、倾斜角的计算

利用水准式水平仪来测量某一平面的倾斜程度时，如用倾斜角表示，则

倾斜角 = 每格的倾斜角 × 格数

如用平面在长度上的高度差表示，则

高度差 = 水准器的读数值 × 平面长度 × 格数

例如，用读数值为 0.02mm/1000mm（4″）的水准式水平仪测量长度为 600mm 的导轨工作面的倾斜程度，如气泡移动 2.5 格，则

倾斜角 $\theta = 4'' \times 2.5 = 10''$

高度差 $h = (0.02\text{mm}/1000\text{mm}) \times 600\text{mm} \times 2.5 = 0.02 \times 600\text{mm} \times 2.5/1000 = 0.03\text{mm}$

四、水平仪的读数方法

1. 绝对读数法

水准器气泡在中间位置时读作“0”。以零线为基准，气泡向任意一端偏离零线的格数，就是实际偏差的格数。通常把偏离起端向上的格数作为“+”，把偏离起端向下的格数作为“-”。在测量中，习惯上由左向右进行测量，把气泡向右移动作为“+”，向左移动作为“-”。如图 6-8 所示为 +2 格。

2. 平均值读数法

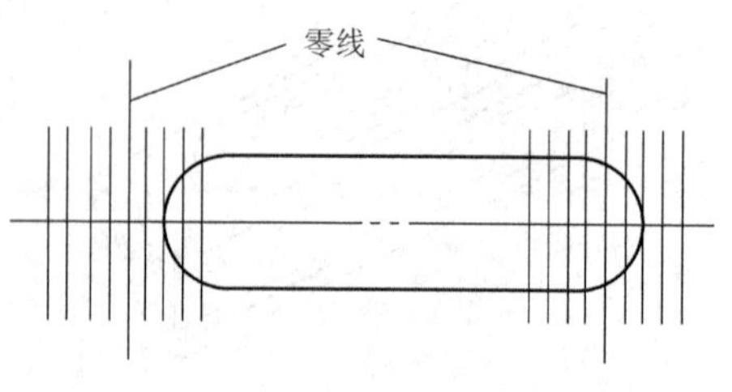

图 6-8　水平仪的绝对读数法

当水准器的气泡静止时，读出气泡两端各自偏离零线的格数，然后将两格数相加除以 2，取其平均值作为读数。如图 6-9 所示，气泡右端偏离零线为 +3 格，气泡左端偏离零线为 +2 格，其平均值为 $\frac{(+3)+(+2)}{2}$格 = +2.5 格，即右端比左端高 2.5

格。平均值读数法不受环境温度的影响，读数值准确、精度高。

五、使用水平仪时的注意事项

1）将水平仪放在检验平板上与被测表面接触，读取第一次读数，再在同一位置把水平仪转180°后读取第二次读数，两次读数的代数差为水平仪的零值误差。用同样的方法还可以判定被测表面相对于水平位置的误差，两面三次读数的代数和的一半为被测表面的误差。

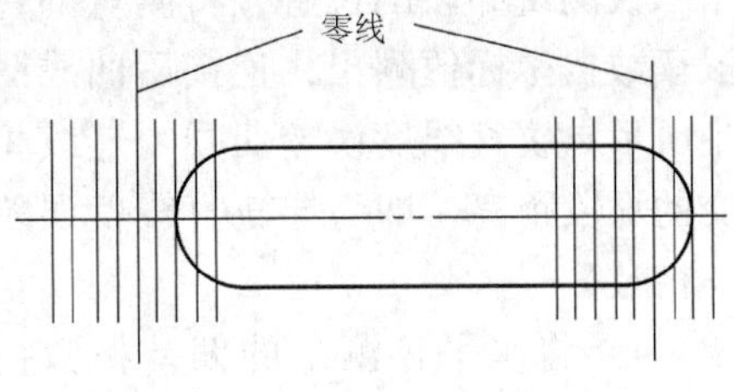

图6-9 水平仪的平均值读数法

2）普通水平仪的零值正确与否是相对的，只要水准器的气泡在中间位置，就说明零值正确。由于气泡长度不同，所以每个水平仪的零值不可能都在一个刻线上，因此使用前在明确水平仪处于零位时，气泡的左边缘与哪条刻线相切（或靠近），测量时就以此刻线为零刻线。

3）水平仪分度值的单位是mm/1000mm，测量时要把水平仪的读数值换算为某一长度。

4）要根据零件形状、测量长度和形状公差等合理选用水平仪，使最大测量误差小于形状公差。

测量实践课题二　导轨直线度的检测

一、训练目标

1）了解水平仪的用途和结构。

2）掌握水平仪的工作原理。

3）能用水平仪检测典型工件。

二、综合练习：测量床身导轨的直线度

1. 测量要求

测量床身导轨在垂直平面内的直线度，床身导轨长度为1600mm，如图6-10所示。

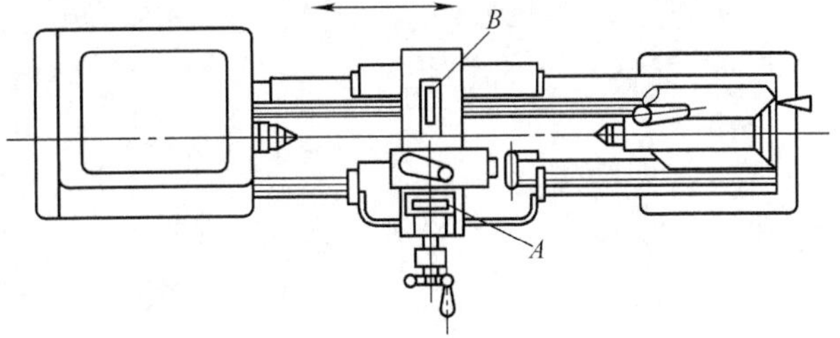

图6-10 测量床身导轨的直线度

2. 测量方法

1）将被测导轨放在可调的支承垫板上，将水平仪置于导轨的中间或两端位置，初步找正导轨的水平位置，以便检验时水平仪的气泡位置都能保持在刻线范围内。

2）将导轨分成8段，使每段长度等于水平仪的边框尺寸（200mm），然后进行分段检验，如图6-11所示。如测得8段的读数依次分别为+1、+1、+2、0、-1、-1、0、-0.5。

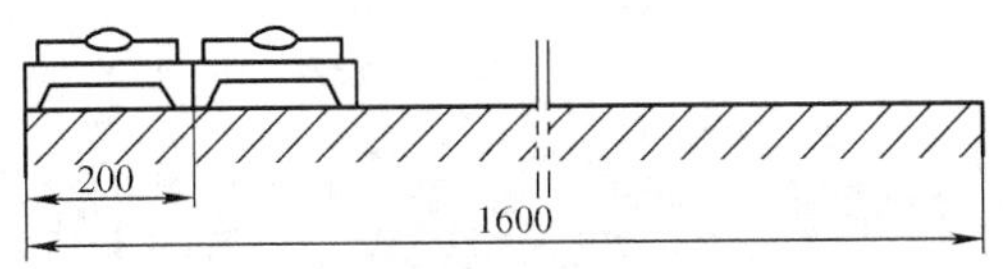

图6-11 水平仪测量床身导轨直线度误差示例

3）根据测得的8组数据，作出误差曲线图，如图6-12所示。作图方法是：纵坐标表示水平仪气泡移动的格数，横坐标表示水平仪测量导轨的位置，将测量的每段读数按坐标值列出，连接后曲线图中所示导轨直线度误差曲线与连线相交的那段距离，即为导轨直线度误差的格数。

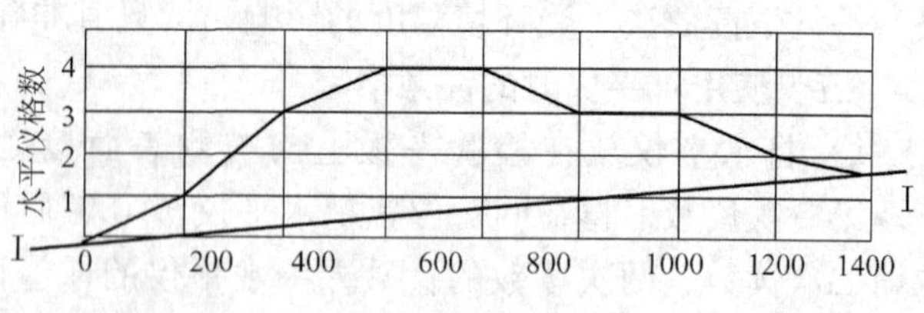

图 6-12　导轨在垂直平面内的直线度误差曲线图

4）将水平仪测量的偏差格数换算成直线度误差值，即

$$\begin{aligned}\text{直线度误差值} &= \text{最大误差格数} \times \text{水平仪精度} \times \text{每段测量长度} \\ &= 3.5 \times (0.02/1000) \times 200\text{mm} = 0.014\text{mm} = 14\mu\text{m}\end{aligned}$$

3. 注意事项

1）测量完第一组数据后，仪器不要调头，从终点至起始点进行回测。

2）用累积值在坐标纸上作误差曲线图，并用作图法求最小包容区域及其在坐标上的截距 a。

4. 思考题

1）怎样检测平面的直线度误差？

2）测量直线度误差的仪器有哪些？

参考文献

[1] 胡瑢华，甘泽新．公差配合与测量［M］．北京：清华大学出版社，2005.

[2] 邓英剑，杨冬升．公差配合与测量技术［M］．北京：国防工业出版社，2007.

[3] 朱超．公差配合与技术测量［M］．北京：机械工业出版社，2008.

读者信息反馈表

感谢您购买《公差配合与测量技能基础》一书。为了更好地为您服务，有针对性地为您提供图书信息，方便您选购合适图书，我们希望了解您的需求和对我们教材的意见和建议，愿这小小的表格为我们架起一座沟通的桥梁。

<table>
<tr><td>姓　　名</td><td></td><td colspan="2">所在单位名称</td><td colspan="2"></td></tr>
<tr><td>性　　别</td><td></td><td colspan="2">所从事工作（或专业）</td><td colspan="2"></td></tr>
<tr><td>通信地址</td><td colspan="3"></td><td>邮　　编</td><td></td></tr>
<tr><td>办公电话</td><td colspan="3"></td><td>移动电话</td><td></td></tr>
<tr><td>E-mail</td><td colspan="5"></td></tr>
<tr><td colspan="6">1. 您选择图书时主要考虑的因素：（在相应项前面√）
（　）出版社　（　）内容　（　）价格　（　）封面设计　（　）其他
2. 您选择我们图书的途径（在相应项前面√）
（　）书目　（　）书店　（　）网站　（　）朋友推介　（　）其他</td></tr>
<tr><td colspan="6">希望我们与您经常保持联系的方式：
□电子邮件信息　□定期邮寄书目
□通过编辑联络　□定期电话咨询</td></tr>
<tr><td colspan="6">您关注（或需要）哪些类图书和教材：</td></tr>
<tr><td colspan="6">您对我社图书出版有哪些意见和建议（可从内容、质量、设计、需求等方面谈）：</td></tr>
<tr><td colspan="6">您今后是否准备出版相应的教材、图书或专著（请写出出版的专业方向、准备出版的时间、出版社的选择等）：</td></tr>
</table>

非常感谢您能抽出宝贵的时间完成这张调查表的填写并回寄给我们，您的意见和建议一经采纳，我们将有礼品回赠。我们愿以真诚的服务回报您对机械工业出版社技能教育分社的关心和支持。

请联系我们——

地　　址　北京市西城区百万庄大街 22 号　机械工业出版社技能教育分社

邮　　编　100037

社长电话　（010）88379083　88379080　68329397（带传真）

E-mail　jnfs@ mail. machineinfo. gov. cn